Cepheid

세페이드

1F 물리학 (상)

개정판

세페이드 시리즈의 구성

이제 편안하게 과학공부를 즐길 수 있습니다.

1F
중등과학 기초
물리학 · 화학 (초5~6)

2F
중등과학 완성
물 · 화 · 생 · 지 (중1~2)

3F
고등과학 Ⅰ
물 · 화 · 생 · 지 (중2~1)

4F
고등과학 Ⅱ
물 · 화 · 생 · 지 (중3~고1)

5F
실전 문제 풀이
물 · 화 · 생 · 지 (중3~고1)

세페이드
모의고사

세페이드
고등 통합과학

세페이드
고등학교 물리학 Ⅰ

http://cafe.naver.com/creativeini

창의력과학의 대표 브랜드

과학 학습의 지평을 넓히다!
단계별 과학 학습
창의력과학 세페이드 시리즈!

단원별 내용 구성

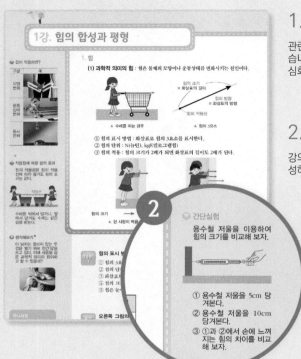

1.강의

관련 소단원 내용을 4~6편으로 나누어 강의용/학습용으로 구성했습니다. 개념에 대한 이해를 돕기 위해 보조단에는 풍부한 자료와 심화 내용을 수록했습니다.

2.간단 실험 / 생각해보기

강의 내용을 이용하여 쉽게 풀고 내용을 정리할 수 있는 문제로 구성하였습니다.

3.개념확인, 확인+, 개념다지기

강의 내용을 이용하여 쉽게 풀고 내용을 정리할 수 있는 문제로 구성하였습니다.

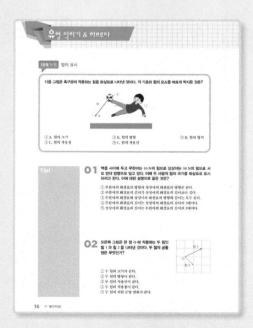

4. 유형 익히기 & 하브루타

관련 소단원 내용을 유형별로 나누어서 각 유형별로 대표 문제와 연습 문제를 제시하였습니다.

5.창의력 & 토론 마당

관련 소단원 내용에 관련된 창의력 문제를 풍부하게 제시하여 창의력을 향상시킴과 동시에 질문을 자연스럽게 이끌어 낼 수 있도록 하였고, 관련 주제에 대한 토론이 가능하도록 하였습니다.

6.스스로 실력 높이기

학습한 내용에 대한 복습 문제를 오답문제와 같이 충분한 양을 제공하였습니다. 연장 학습이 가능할 것입니다.

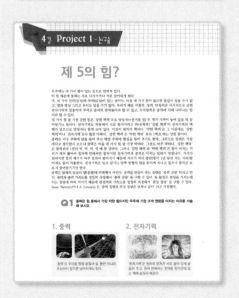

7.Project

대단원이 마무리될 때마다 충분한 읽기자료를 제공하여 서술형/논술형 문제에 답하도록 하였고, 단원의 주요 실험을 할 수 있도록 하였습니다. 융합형 문제가 같이 제시되므로 STEAM 활동이 가능할 것입니다.

CONTENTS | 목차

1F 물리학(상)

1F 물리학(하)

I

힘

지구상의 물체 사이에는 많은 힘들이 서로 작용한다. 서로 미는 힘도 있고 잡아당기는 힘도 있다.
힘과 관련된 문제를 어떻게 해결할까?

1강. 힘의 합성과 평형

● 힘이 작용하면?

구분	예
모양 변화	
운동 상태 변화	
동시 변화	

● 작용점에 따른 힘의 효과

힘의 작용점을 힘의 작용 선에 따라 옮겨도 힘의 효과는 같다.

수레를 뒤에서 밀거나, 앞에서 당겨도 수레는 같은 힘을 받는다.

● 생각해보기★

이 남자는 열리지 않는 뚜껑을 열기 위해 안간힘을 쓰고 있다. 이때 사용된 힘은 과학적 의미의 힘이라고 할 수 있을까?

미니사전

뉴턴 만유인력을 발견한 과학자로 뉴턴(Newton)의 첫 글자를 따서 힘의 단위로 사용

kgf(킬로그램힘) 질량이 1kg인 물체를 들어올리는데 필요한 힘의 크기 (1kgf = 9.8N)

1. 힘

(1) 과학적 의미의 힘 : 힘은 물체의 모양이나 운동상태를 변화시키는 원인이다.

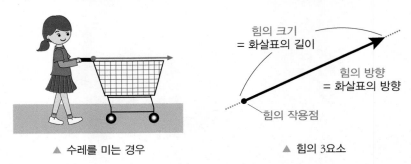

▲ 수레를 미는 경우　　　　　▲ 힘의 3요소

① 힘의 표시 방법 : 화살표로 힘의 3요소를 표시한다.
② 힘의 단위 : N(뉴턴), kgf(킬로그램힘)
③ 힘의 적용 : 힘의 크기가 2배가 되면 화살표의 길이도 2배가 된다.

힘의 크기　　→

▲ 한 사람이 벽을 미는 경우　　　　▲ 두 사람이 같은 힘으로 벽을 미는 경우

개념확인 1 힘의 표시 방법에 대한 설명 중 옳은 것만을 있는 대로 고르시오.

① 힘의 3요소는 크기, 방향, 작용선이다.
② 힘의 단위는 N 외에는 사용하지 않는다.
③ 화살표의 화살 부분을 힘의 작용점이라 한다.
④ 힘의 크기에 비례하여 화살표의 길이가 길어진다.
⑤ 힘은 눈에 보이지 않으므로 화살표를 그려서 표시한다.

확인 +1 오른쪽 그림의 힘에 대한 설명으로 옳은 것은? (1칸은 길이가 1cm이며, 2 N의 힘에 해당한다.)

 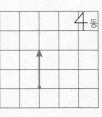

① 힘의 크기는 2 N이다.
② 힘의 방향은 남쪽이다.
③ 힘의 방향만을 알 수 있다.
④ 화살표의 시작점은 힘의 작용점이다.
⑤ 힘의 크기가 10 N이라면 화살표의 길이는 20 cm이다.

2. 힘의 합성 1 (두 힘이 나란할 때)

(1) 힘의 합력 : 한 물체에 작용하는 여러 힘과 같은 효과를 내는 하나의 힘을 힘의 합력 또는 알짜힘이라고 한다.

(2) 힘의 합성 : 힘의 합력을 구하는 과정을 말한다.

(3) 두 힘의 합력 구하기

구분	같은 방향으로 작용하는 두 힘	반대 방향으로 작용하는 두 힘
적용		
두 힘의 합성	힘 1 + 힘 2 = 힘 1 + 힘 2 알짜힘(합력) = 힘 1 + 힘 2	힘2 + 힘1 = 알짜힘(합력) = 힘 1 - 힘 2
합력의 크기	두 힘의 크기를 더한 값 합력 = 힘 1 + 힘 2	큰 힘에서 작은 힘을 뺀 값 합력 = 힘 1 - 힘 2
합력의 방향	두 힘의 방향과 같은 방향	큰 힘(힘 1)의 방향과 같은 방향

정답 및 해설 **02** 쪽

 개념확인 2
말 두마리가 그림과 같이 각각 5 N의 힘으로 같은 방향으로 수레를 끌고 있다. 수레에 작용한 합력의 크기는 얼마인가?

 확인 +2
A와 B 두 사람이 서로 반대 방향으로 인형을 잡아당기고 있다. 이때 인형에 작용한 힘의 합력에 대한 설명으로 옳은 것만을 있는 대로 고르시오.

① 두 힘의 합력의 크기는 3 N이다.
② 두 힘의 합력의 크기는 9 N이다.
③ 두 힘의 합력의 방향은 A쪽이다.
④ 두 힘의 합력의 방향은 B쪽이다.
⑤ 두 힘의 합력에 의해 인형은 움직이지 않는다.

○ 간단실험

용수철 저울을 이용하여 힘의 크기를 비교해 보자.

① 용수철 저울을 5cm 당겨본다.
② 용수철 저울을 10cm 당겨본다.
③ ①과 ②에서 손에 느껴지는 힘의 차이를 비교해 보자.

● 물체에 작용하는 두 힘의 작용선이 일치하지 않을 경우

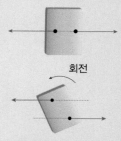

회전

물체는 회전하게 된다.

○ 생각해보기★★

속담 중 '백지장도 맞들면 낫다'라는 말이 있다. 이 속담을 힘의 합성을 이용하여 설명해 보자.

미니사전

합성 [合 합하다 成 이루다] 둘 이상 합치는 일

3. 힘의 합성 2 (두 힘이 나란하지 않을 때)

(1) 평행사변형법 : 평행하지 않은 두 힘을 이웃한 두 변으로 하는 평행사변형을 그리면 합력의 크기는 대각선의 길이, 합력의 방향은 대각선의 방향이 된다.

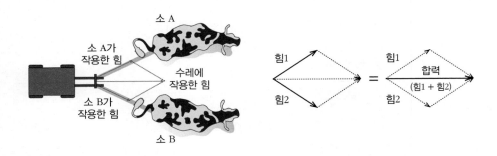

(2) 삼각형법 : 두 힘을 이어서 붙이면 합력은 처음 지점에서 끝 지점까지 이은 화살표로 나타낼 수 있다.

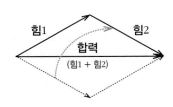
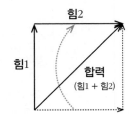

● 간단실험

활을 이용하여 두 힘 사이의 각에 따른 합력의 크기를 비교해 보자.

① 다양한 길이로 당겨서 활을 쏘아 보자.
② 당긴 길이에 따라 활이 떨어진 위치를 비교해 보자.
③ 활이 왜 앞으로 나가는지 힘의 합성과 연관시켜서 추리해 보자.

● 생각해보기 ★★★

철봉에 매달려 턱걸이를 할 때 팔을 넓게 벌리는 경우와 좁게 벌리는 경우 중 어느 경우에 힘이 덜 들까?

개념확인 3

오른쪽 그림은 한 점 O에 힘 1과 힘 2가 작용하고 있는 모습이다. 이때 ㉠의 길이와 방향이 나타내는 것을 각각 쓰시오.

(1) 길이 (   )
(2) 방향 (   )

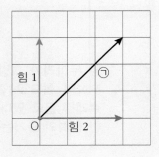

확인 +3

다음 그림은 한 점 O에 두 힘이 작용하고 있는 모습이다. 두 힘의 합력의 크기는? (단, 모눈 종이 1칸은 1 N이다.)

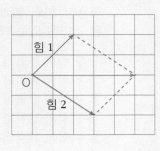

미니사전

평행사변형 마주 보는 두 쌍의 변이 서로 평행인 사각형

4. 힘의 평형

(1) **힘의 평형** : 한 물체에 두 힘이 작용하였으나 물체의 운동 상태가 변하지 않을 때 [합력(알짜힘) = 0], 두 힘은 힘의 평형 상태이다.

▲ 우주에서 양쪽에서 같은 힘으로 물체를 미는 경우

▲ 마찰이 없는 면에서 두 사람이 양쪽에서 같은 힘으로 물체를 끄는 경우

▲ 말이 양쪽에서 같은 힘으로 나무를 당기는 경우

(2) **물체에 작용하는 두 힘의 평형 조건**

· 두 힘의 크기가 같다.
· 두 힘의 방향이 반대이다.
· 두 힘은 같은 작용선 상에 있어야 한다.

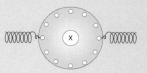

간단실험

용수철을 이용하여 힘의 평형 상태를 만들어 보자.

실험 준비물 : 30° 마다 구멍이 뚫린 원형 마분지, 용수철 저울

① 그림과 같이 마분지 가운데와 30° 마다 구멍을 뚫어서 준비한다.
② A4용지 위에 X표시를 한 후 준비한 원형 마분지를 X표시가 가운데에 오도록 놓는다.
③ 용수철 저울 2개를 이용하여 힘의 평형 상태를 만들어 보자.
④ 용수철 저울 3개를 이용하여 힘의 평형 상태를 만들어 보자.
⑤ 만들어진 힘의 평형 상태가 어떤 특징이 있는지 관찰해 보자.

정답 및 해설 02 쪽

 개념확인 4

다음은 물체에 작용하는 두 힘의 평형 조건에 대한 설명이다. 빈칸에 알맞은 기호를 각각 넣으시오.

〈 보기 〉
㉠ 힘의 크기　　㉡ 힘의 방향　　㉢ 작용점　　㉣ 0　　㉤ 같다

(1) 두 (　　　)은/는 같다.
(2) 두 (　　　)은/는 반대이다.
(3) 물체에 작용하는 알짜힘은 (　　　)이다.

확인 + 4

힘의 평형과 합력에 대한 설명으로 옳지 않은 것은?

① 물체에 작용하는 합력이 0이면 힘의 평형 상태이다.
② 물체에 힘이 작용해도 움직이지 않으면 힘의 평형 상태이다.
③ 두 힘의 평형 조건 중 한 가지 조건만 맞아도 힘의 평형 상태가 된다.
④ 반대 방향으로 작용하는 두 힘의 합력의 방향은 더 큰 힘의 방향이다.
⑤ 같은 방향으로 작용하는 두 힘의 합력의 크기는 두 힘을 더한 값이다.

작용선이 다른 두 힘이 작용할 때

물체는 평형을 이루지 못하고 회전한다.

미니사전

평형 [平 평평하다 衡 저울대] 물체가 역학적으로 균형이 잡힌 상태에 있음

01 힘에 대한 설명으로 옳은 것은?

① 힘의 단위는 kg이다.
② 힘이 작용하면 물체의 모양만 변한다.
③ 힘을 나타내는 화살표의 연장선을 작용선이라 한다.
④ 힘의 크기, 힘의 방향, 힘의 작용선을 힘의 3요소라고 한다.
⑤ 힘의 크기가 2배가 되면 힘을 표시하는 화살표의 길이는 4배가 된다.

02 오른쪽 그림은 사람이 철봉에 두 손으로 매달렸을 때와 한 손으로 매달렸을 때 작용하는 힘을 각각 나타낸 것이다. 이에 대한 설명으로 옳은 것은?

① 두 경우 모두 철봉에 작용하는 힘의 크기가 같다.
② 두 손이 각각 작용하는 힘인 힘 1과 힘 2의 합은 힘 3 보다 크다.
③ 두 손이 각각 작용하는 힘인 힘 1과 힘 2의 합은 힘 3 보다 작다.
④ 두 손으로 매달렸을 때보다 한 손으로 매달렸을 때 철봉에 작용하는 힘의 크기가 더 크다.
⑤ 한 손으로 매달렸을 때보다 두 손으로 매달렸을 때 철봉에 작용하는 힘의 크기가 더 크다.

03 마찰이 없는 수평면에서 두 사람이 같은 물체를 반대 방향으로 당기고 있으나 물체는 움직이지 않고 있다. 이때 물체에 작용한 힘에 대한 설명으로 옳지 <u>않은</u> 것은?

① 힘의 합력이 0이다.
② 힘의 평형 상태이다.
③ 두 사람은 힘을 일직선 상에서 작용하였다.
④ 두 사람은 같은 크기의 힘으로 당기고 있다.
⑤ 두 사람 중 한 사람이 더 큰 힘으로 당겨도 물체는 움직이지 않는다.

04 오른쪽 그림은 한 점 O에 두 힘이 작용하고 있는 모습이다. 두 힘의 합력을 바르게 그린 것은?

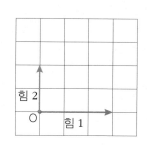

① 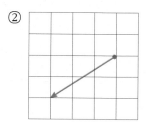 ② ③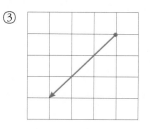

④ 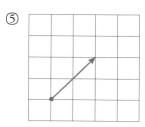 ⑤

05 오른쪽 그림과 같이 한 점 O에 두 힘이 작용하였다. 모눈종이 1칸이 3 N을 나타낸다면 두 힘의 합력의 크기는 몇 N인가?

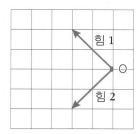

① 3 N　　　　　② 6 N　　　　　③ 9 N
④ 12 N　　　　　⑤ 15 N

06 두 사람이 마찰이 없는 수평면에서 한 물체를 사이에 두고 서로 반대 방향으로 밀고 있다. 왼쪽 사람은 100 N의 힘으로 밀고 있고, 오른쪽 사람은 150 N의 힘으로 밀고 있다. 이때 두 사람이 물체에 작용한 힘의 합력의 크기와 힘의 방향을 올바르게 짝지은 것은?

① 50 N, 왼쪽　　　　　② 50 N, 오른쪽　　　　　③ 250 N, 왼쪽
④ 250 N, 오른쪽　　　　　⑤ 0, 움직이지 않는다.

[유형 1-1]   힘의 표시

다음 그림은 축구공에 작용하는 힘을 화살표로 나타낸 것이다. 각 기호와 힘의 요소를 바르게 짝지은 것은?

① A, 힘의 크기
④ C, 힘의 작용점
② B, 힘의 방향
⑤ C, 힘의 작용선
③ B, 힘의 합력

Tip!

01 벽을 사이에 두고 무한이는 10 N의 힘으로 상상이는 30 N의 힘으로 서로 반대 방향으로 밀고 있다. 이때 두 사람의 힘의 크기를 화살표로 표시하려고 한다. 이에 대한 설명으로 옳은 것은?

① 무한이의 화살표의 방향과 상상이의 화살표의 방향은 같다.
② 무한이의 화살표의 길이가 상상이의 화살표의 길이보다 길다.
③ 무한이의 화살표와 상상이의 화살표의 방향과 길이는 모두 같다.
④ 무한이의 화살표의 길이는 상상이의 화살표의 길이의 3배이다.
⑤ 상상이의 화살표의 길이는 무한이의 화살표의 길이의 3배이다.

02 오른쪽 그림은 한 점 O 에 작용하는 두 힘인 힘 1 과 힘 2 를 나타낸 것이다. 두 힘의 공통점은 무엇인가?

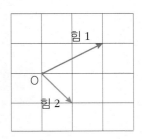

① 두 힘의 크기가 같다.
② 두 힘의 방향이 같다.
③ 두 힘의 작용선이 같다.
④ 두 힘의 작용점이 같다.
⑤ 두 힘에 의한 모양 변화가 같다.

[유형 1-2] 힘의 합성 1

책을 사이에 두고 다음과 같이 양쪽에서 각각 힘을 가하였다. 이때 책에 가해진 힘의 합력을 바르게 나타낸 것은?

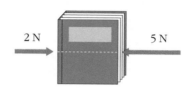

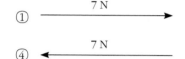 ② 3 N → ③ 0

④ ← 7 N ⑤ ← 3 N

03 다음 그림과 같이 수레를 사이에 두고 말과 두 사람이 반대 방향으로 힘을 가하고 있다. 이때 수레에 가해진 알짜힘을 바르게 나타낸 것은?

① 왼쪽, 20 N ② 오른쪽, 20 N ③ 왼쪽, 100 N
④ 오른쪽, 80 N ⑤ 가운데, 0

Tip!

04 다음 그림과 같이 나무 도막에 세 개의 힘이 가해지고 있다. 이때 나무 도막이 받는 힘(합력)의 크기와 방향은?

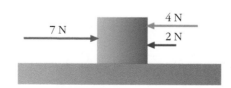

① 왼쪽, 1 N ② 왼쪽, 6 N ③ 오른쪽, 1 N
④ 오른쪽, 7 N ⑤ 가운데, 0

[유형 1-3] 힘의 합성 2

오른쪽 그림과 같이 한 점에 두 힘이 작용하였다. 모눈 종이 한 칸이 1 N 이라면 합력의 크기는 얼마인가?

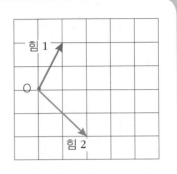

① 2 N   ② 3 N   ③ 4 N
④ 5 N   ⑤ 6 N

Tip!

05 오른쪽 그림과 같이 한 점 O 에 두 힘1, 힘2 가 동시에 작용하고 있다. 두 힘의 합력은 몇 N 인가? (단, 모눈 종이 한 칸은 2 N 을 나타낸다.)

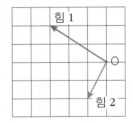

① 2 N   ② 4 N   ③ 6 N   ④ 8 N   ⑤ 10 N

06 다음 그림 중 합력의 크기가 <u>다른</u> 것은?

① 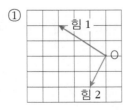 ② ③

④ 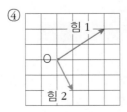 ⑤

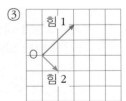

[유형 1-4] 힘의 평형

다음 중 힘의 평형을 이루고 있는 경우만를 <u>있는 대로</u> 고르시오.

①

②

③

④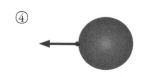

⑤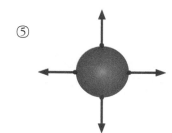

07 한 물체에 작용하는 두 힘이 평형을 이룰 수 있는 조건만을 〈보기〉에서 있는 대로 고른 것은?

Tip!

〈 보기 〉

ㄱ. 두 힘의 크기가 같다.
ㄴ. 두 힘의 방향이 같다.
ㄷ. 두 힘의 방향이 반대이다.
ㄹ. 두 힘의 작용선이 일치한다.
ㅁ. 두 힘이 이루는 각이 90° 이다.

① ㄱ, ㄴ, ㄹ   ② ㄱ, ㄷ, ㄹ   ③ ㄱ, ㄷ, ㅁ
④ ㄴ, ㄹ, ㅁ   ⑤ ㄷ, ㄹ, ㅁ

08 오른쪽 사진은 줄다리기 경기 중 줄이 어느 쪽으로도 움직이지 않는 상황을 나타낸다. 이 상황에 대한 설명으로 옳지 <u>않은</u> 것은?

① 줄에 작용하는 두 팀의 힘의 합력은 0이다.
② 줄에 작용하는 두 팀의 힘은 평형 상태이다.
③ 두 팀이 줄에 작용하는 힘의 작용선은 같다.
④ 두 팀이 줄에 작용하는 각각의 힘의 크기는 같다.
⑤ 두 팀이 줄에 작용하는 각각의 힘의 방향은 같다.

01

다음 그림은 두 예인선이 같은 크기의 힘을 작용하여 유조선을 끌고 가고 있는 모습을 나타낸 것이다.

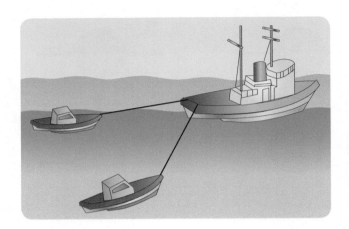

(1) 두 대의 예인선에 의해 유조선이 움직이는 방향을 힘의 표시 방법을 이용하여 나타낸 후 힘의 합성을 이용하여 설명해 보시오.

(2) 두 대의 예인선 중 한 대의 힘이 더 커졌을 경우에 유조선의 움직임에 대하여 설명해 보시오.

02 다음 그림은 작용점과 크기가 같은 두 힘 중 하나의 힘의 각도를 180° 회전하였을 때의 힘의 합성을 나타낸 것이다.

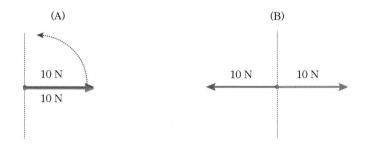

(1) (A)와 (B) 의 합력을 각각 구해 보시오.

(2) 다음 그림은 같은 크기의 두 힘이 각도가 다르게 작용하고 있는 것을 나타낸다. 각각의 힘의 합력을 표시해 보고, 각도에 따른 힘의 차이를 설명해 보시오.

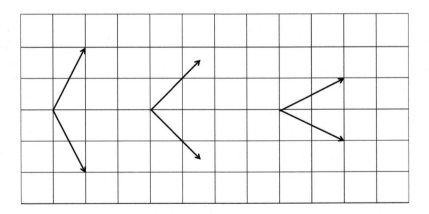

03 그림과 같이 두 변의 길이가 같고 두 변이 이루는 각이 $60°$인 평행사변형은 대각선의 길이와 두 변의 길이가 모두 같게 된다.

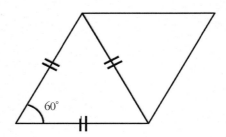

(1) 평행사변형의 성질을 이용하여 크기가 같은 세 힘이 평형을 이루고 있는 모습을 힘의 표시 방법을 사용하여 그려 보시오.

(2) 무게가 900 N인 물체가 있다. 무한이, 상상이, 알탐이 세 사람이 싸우지 않고 공평하게 힘을 가하여 물체를 운반하기 위해서는 어떻게 하면 좋을지 설명해 보시오.

04 다음 그림은 세 가지 방법으로 액자를 벽에 걸어 놓은 모습이다.

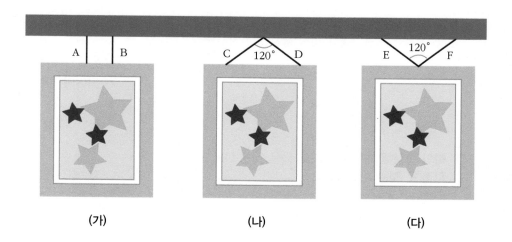

(가)　　　　　(나)　　　　　(다)

(1) 각 줄에 가해진 힘의 크기를 등호, 부등호를 이용하여 비교해 보시오.

(2) 만일 액자의 무게가 100 N이고 A~F 줄은 동일하게 각각 50N의 무게까지만 견딜 수 있다고 하자. 위의 (가)~(다) 중 줄이 끊어지지 않도록 액자를 걸 수 있는 경우는?

01 힘에 대한 설명으로 옳은 것은 O표, 옳지 않은 것은 X표 하시오.

(1) 힘은 화살표로 표시할 수 있다.　(　)

(2) 힘의 단위는 N · m이다.　(　)

(3) 힘의 크기가 2배가 되면 화살표의 길이도 2배가 된다.　(　)

02 힘의 합성에 대한 설명으로 옳은 것은 O표, 옳지 않은 것은 X표 하시오.

(1) 같은 방향으로 작용하는 두 힘의 합력의 크기는 두 힘의 크기를 더한 값이다.　(　)

(2) 반대 방향으로 작용하는 두 힘의 합력의 방향은 큰 힘의 방향과 같다.　(　)

(3) 평행하지 않은 두 힘의 합성은 정사각형을 그려서 구한다.　(　)

03 힘의 평형에 대한 설명으로 옳은 것은 O표, 옳지 않은 것은 X표 하시오.

(1) 두 물체에 힘이 작용하였으나 물체의 운동 상태가 변하지 않는 것을 말한다.　(　)

(2) 평형 상태인 두 힘의 방향은 서로 같다.

　(　)

(3) 평형 상태인 두 힘의 작용선은 서로 다른 직선상에 있다.　(　)

04 다음 그림은 어떤 물체에 작용하는 힘을 화살표로 나타낸 것이다. 힘의 방향(오른쪽, 왼쪽)과 크기를 쓰시오. (1cm = 3 N이다.)

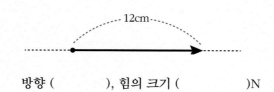

방향 (　 　), 힘의 크기 (　 　)N

05 무한이가 2 N의 힘으로 공을 던졌다. 이 힘을 화살표의 길이를 4cm로 하여 나타내었다. 같은 방향으로 6 N의 힘을 표시하려면 화살표의 길이는 몇 cm가 되어야 하는가?

(　 　)cm

06 그림과 같이 두 사람이 상자에 힘을 가해 상자를 나르고 있다. 이때 상자에 가해진 두 힘의 합력의 크기와 방향(오른쪽, 왼쪽)을 쓰시오.

방향 : (　 　), 힘의 크기 : (　 　)N

07 다음 그림과 같이 바위를 사이에 두고 왼쪽 사람은 30 N의 힘으로 당기고 있고, 오른쪽 사람은 45 N의 힘으로 당기고 있다. 이때 바위에 작용한 힘의 합력의 방향(오른쪽, 왼쪽)과 크기를 쓰시오.

방향 : (　 　), 힘의 크기 : (　 　)N

정답 및 해설 05 쪽

08 힘 1과 힘 2의 합력의 크기는 몇 cm인가? 단, 모눈종이 1칸 = 1 N이다.

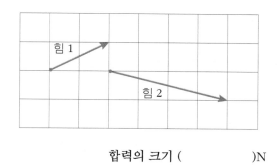

합력의 크기 (   )N

09 다음 그림은 8가지 힘을 표시한 것이다. 힘의 평형을 이루는 힘끼리 짝지어 보시오.

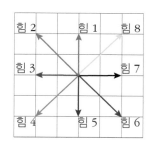

① 힘 1과 (   )   ② 힘 2와 (   )
③ 힘 3과 (   )   ④ 힘 4와 (   )

10 다음은 두 힘의 평형 조건에 대한 설명이다. 빈칸에 알맞은 말을 〈보기〉에서 각각 골라 기호를 쓰시오.

┌───────── 〈 보기 〉 ─────────┐
│ ㄱ. 같다.   ㄴ. 다르다.   ㄷ. 반대이다. │
└─────────────────────────┘

① 두 힘의 크기가 (   )
② 두 힘의 방향이 (   )
③ 두 힘의 작용선이 (   )

11 그림에서 벽돌에 작용하는 힘에 대한 설명으로 옳은 것은?

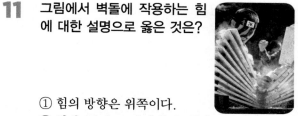

① 힘의 방향은 위쪽이다.
② 힘의 3요소로 나타낼 수 없다.
③ 힘의 단위는 N, kgf을 사용한다.
④ 힘에 의해 운동 상태가 바뀌었다.
⑤ 힘을 표시할 때 화살표의 굵기가 굵을수록 힘의 크기가 크다.

12 다음 그림과 같이 원반을 사이에 두고 7 N의 같은 크기의 힘으로 양쪽으로 물체를 잡아당겼다. 이때 원반에 작용한 힘과 원반에 대한 설명으로 옳은 것은?

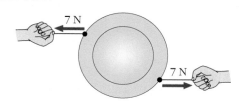

① 원반은 정지해 있다.
② 두 힘의 합력은 14 N이다.
③ 원반은 힘의 평형 상태에 있다.
④ 두 힘의 작용선이 다르기 때문에 원반은 회전한다.
⑤ 두 힘의 작용점이 같기 때문에 원반은 회전한다.

13 화살표로 나타낸 힘 A ~ E 에 대한 설명으로 옳지 <u>않은</u> 것은?

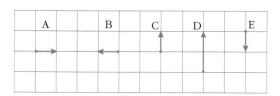

① A와 E의 힘의 크기는 같다.
② B와 C의 힘의 크기는 같다.
③ C와 D의 힘의 방향은 같다.
④ E의 힘의 크기는 D의 2배이다.
⑤ A와 B의 힘의 방향은 반대이다.

14 그림과 같이 6명의 학생들이 나무에 줄을 묶고 양쪽으로 당기고 있다. 이때 학생들이 나무에 작용한 힘의 합력의 크기와 방향이 옳게 짝지어진 것은?

① 1 N, 오른쪽   ② 1 N, 왼쪽
③ 22 N, 오른쪽   ④ 21 N, 왼쪽
⑤ 0, 가운데

15 그림은 두 사람이 목봉 체조를 하고 있는 모습을 나타낸 것이다. 이때 두 사람은 동일한 힘으로 목봉을 들어올리고 있다. 이 두 사람의 힘에 대한 설명으로 옳은 것은? (단, 목봉의 무게는 200 N이다.)

① 힘 1과 힘 2의 힘의 방향은 반대 방향이다.
② 힘 1과 힘 2는 나란하지 않게 작용하고 있다.
③ 힘 1과 힘 2의 합력의 크기는 100 N이다.
④ 두 힘의 합력의 방향과 힘 1의 방향은 반대 방향이다.
⑤ 한 사람이 동일한 목봉을 들어올리기 위해서는 200 N의 힘이 필요하다.

16 힘 1과 힘 2를 합성하고, 그 합력과 평형을 이루는 힘에 대해서 설명하려고 한다. 이에 대한 설명으로 옳은 것은? 단, 모눈종이 1칸 = 1 N 이다.

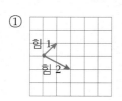

① 평형을 이루는 힘의 크기는 2 N이다.
② 평형을 이루는 힘의 방향은 동쪽이다.
③ 힘 1과 힘 2의 합력과 화살표 길이가 같다.
④ 힘 1과 힘 2의 합력과 크기와 방향이 같다.
⑤ 힘 1과 힘 2를 합성한 힘과 작용점이 다르다.

17 다음 중 힘 1과 힘 2의 합력의 크기가 다른 것을 고르시오. 단, 모눈종이 1칸 = 2 N이다.

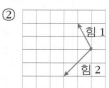

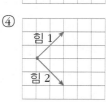
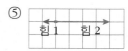

18 다음 중 한 물체에 작용하는 두 힘의 평형 조건에 대한 설명으로 옳지 **않은** 것은?

① 두 힘의 크기는 같다.
② 두 힘의 합력은 0이다.
③ 두 힘의 작용점이 같다.
④ 두 힘의 방향은 반대이다.
⑤ 두 힘은 일직선 상에서 작용한다.

19 다음 그림은 8가지 힘을 표시한 것이다. 각 힘에 대한 설명으로 옳은 것은?

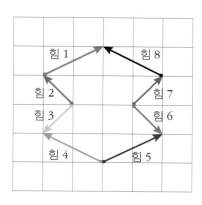

① 힘 4와 힘 7의 크기는 같다.
② 힘 1과 힘 5는 평형 상태이다.
③ 힘 6과 힘 2는 작용점이 다르다.
④ 힘 1~힘 8의 힘의 크기는 모두 같다.
⑤ 힘 2와 힘 3의 합력의 크기와 힘 5와 힘 6의 합력의 크기는 같다.

20 다음은 마찰이 없는 면에서 오뚝이에 힘을 작용하고 있는 그림이다. 오뚝이에 가해진 힘이 평형을 이루고 있지 않은 경우만를 있는 대로 고르시오.

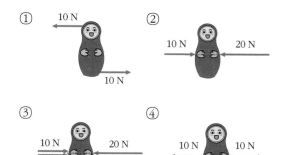

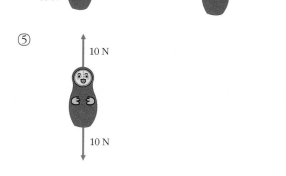

21 다음 그림은 똑같은 힘을 작용하는 두 예인선이 같은 길이의 줄로 유조선을 끌고 가는 모습이다. 이때 예인선 사이의 거리가 멀어지면 유조선은 더 빨리 끌려오는가 아니면 더 늦게 끌려 오는가? (단, 두 예인선이 큰 배에 작용하는 힘의 크기는 각각 같다.)

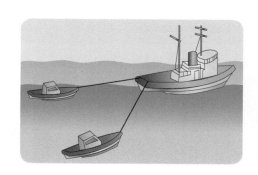

22 다음 그림과 같이 무한이와 상상이가 줄에 묶인 물체를 끌고 있다. 하지만 물체가 쉽게 끌려오지 않았다. 무한이와 상상이가 물체를 쉽게 끌 수 있는 방법을 힘의 합력을 이용하여 설명하시오.

2강. 질량과 무게

1. 중력

간단실험

물체를 떨어뜨려보기

① 공을 제자리에서 가만히 떨어뜨린다.
② 공을 위로 던져 본다.
③ ①,②의 경우에 공에 작용하는 중력의 방향을 예상해 본다.

(1) 중력: 지구(또는 달이나 행성)의 물체가 지구(또는 달이나 행성)에 의하여 받는 인력을 말한다.

(2) 중력의 방향 : 지구 중심을 향하는 방향(연직 방향)이다.

(3) 중력의 크기 : 지표면에서 질량 1 kg의 물체가 받는 중력의 크기는 1 kgf(킬로그램힘)이다. 지구(또는 달이나행성)의 중심에서 멀어질수록 중력의 크기는 점점 작아진다.

사람에게 작용하는 중력
: 지구 중심을 향한다.

중력의 크기
= 1 kgf (킬로그램힘)
= 9.8 N

▲ 지표면의 물체가 받는 중력

뉴턴(I.Newton : 1642 ~ 1727)

질량을 가진 모든 물체 사이에 작용하는 잡아당기는 힘(인력)인 만유인력을 발견한 영국의 물리학자이다.

지구의 중력은 항상 같은 크기일까?

물체가 지구 중심에서 멀어질수록 중력의 크기는 작아진다. 지구상에도 장소에 따라 중력의 크기가 다르다.

(4) 중력에 의한 현상

물체가 아래로 떨어진다.

물이 아래로 흐른다.

위로 던진 물체가 아래로 떨어진다.

물체를 매달면 용수철이 늘어난다.

생각해보기★

우리 주변에서 흔히 볼 수 있는 스마트 폰은 가로로 돌리면 자동으로 화면이 돌아간다. 이런 것이 어떻게 가능한 것일까?

미니사전

인력 [引 끌다 力 힘] 두 물체가 서로 끌어당기는 힘
척력 [斥 물리치다 力 힘] 두 물체가 서로 밀어내는 힘
연직 방향 [鉛 납 直 곧다 –방향] 납으로 만든 추가 똑바로 떨어지는 방향

개념확인 1

다음 중 중력에 대한 설명으로 옳지 않은 것은?

① 중력은 인력도 있고, 척력도 있다.
② 중력의 방향은 지구 중심 방향이다.
③ 무거운 물체일수록 중력의 크기가 크다.
④ 중력은 서로 닿아 있지 않은 물체 사이에도 작용한다.
⑤ 중력의 크기는 지구 상의 장소에 따라 달라진다.

확인 +1

그림과 같이 지구 상의 A, B, C, D 지점에서 물체를 각각 떨어뜨렸다. 이때 물체가 떨어지는 방향에 대한 설명으로 가장 적절한 것은?

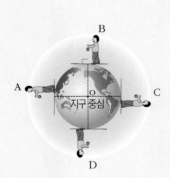

① 모두 윗방향으로 올라간다.
② 모두 아래 방향으로 떨어진다.
③ 모두 지구 중심 방향으로 떨어진다.
④ 모두 지구에서 멀어지는 방향으로 떨어진다.
⑤ B와 D는 떨어지고, A와 C는 지구 중심을 향한다.

2. 질량과 질량 측정

(1) **질량** : 장소나 상태에 따라 달라지지 않는 물질의 고유한 양이다. 따라서 지구에서 질량 1 kg인 물체는 달이나 행성에서도 질량이 1 kg이다.

(2) **질량의 단위** : g, kg

(3) **지구와 달에서의 질량** : 지구와 달에서 물체의 질량은 서로 같다.

지구   달

▲ 일정 질량의 추와 비교하므로 지구에서와 달에서의 질량은 서로 같다.

(4) **질량의 측정** : 양팔 저울이나 윗접시 저울을 이용하여 일정 질량의 추(분동)와 평형을 이루게 하여 측정한다. 추(분동)의 질량 = 물체의 질량이다.

▲ 양팔 저울   ▲ 윗접시 저울

정답 및 해설 **06** 쪽

개념확인 2

어떤 물질을 윗접시 저울에 올려보았더니 200 g이었다. 이 물체를 달로 가져가서 질량을 측정하면 몇 g이 되겠는가?

(   ) g

확인 + 2

지구에서 어떤 물체와 30 kg의 분동을 윗접시 저울의 양쪽 접시 위에 각각 올려놓았더니 저울이 수평이 되었다. 같은 물체를 달에 가져가서 같은 실험을 하면, 몇 kg의 분동을 올려놓을 때 저울이 수평이 되겠는가?

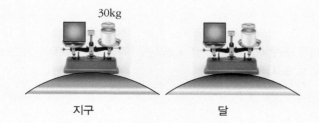

지구   달

① 10 kg   ② 30 kg   ③ 60 kg
④ 180 kg   ⑤ 360 kg

◯ 간단실험

초콜릿을 쪼개어 질량을 측정해 보기

① 초콜릿 한 개를 윗접시 저울에 올려 질량을 측정한다.
② 초콜릿을 여러 조각으로 쪼갠 후 다시 윗접시 저울에 올려 질량을 측정하고 처음의 질량과 비교해 본다.

◯ 분동

양팔 저울이나 윗접시 저울의 한쪽에 물건을 놓고 질량을 측정할 때 사용하는 추로 표면에 질량이 새겨져 있다.

◯ 생각해보기 ★★

질량을 측정한 금덩어리를 녹였다가 다시 굳게 하여 질량을 측정해 보면 어떤 변화가 있을까?

① 용수철 저울에 추를 매
단다.
② 용수철 저울의 눈금을
읽어 추의 무게를 측정
한다.
③ 이 장치를 그대로 달로
가져가서 무게를 측정
하면 어떻게 될 지 예
상해 본다.

3. 무게와 무게 측정

(1) 무게 : 지구 (또는 달이나 행성)가 물체를 잡아당기는 힘(중력)을 말한다.
　① 단위 : N(뉴턴), kgf(킬로그램힘)
　② 특징
　　· 장소에 따라 값이 달라진다. 지구(또는 달이나 행성)의 중심에서 멀어질
　　　수록 값이 작아진다.
　　· 질량 1 kg인 물체의 무게 = 질량 1 kg인 물체에 작용하는 중력
　　　= 1 kgf = 9.8 N

(2) 지구와 달에서의 무게 : 달 표면에서 물체의 무게는 지표면에서의 $\frac{1}{6}$이다.

588 N　　　　　　　98 N

지구　　　　　　　　　　　달

▲ 달 표면에서의 사과의 무게는 지표면에서의 $\frac{1}{6}$이다

(3) 무게의 측정 : 용수철 저울, 앉은뱅이 저울, 체중계 등을 이용하여 측정한다.

▲ 용수철 저울　　　▲ 앉은뱅이 저울　　　▲ 체중계

🔵 생각해보기 ★★★

우리 몸이 무게를 느끼지
않을 때를 무중력 상태라
고 한다. 그렇다면 우리 주
변에 무중력 상태인 곳을
찾을 수 있을까?

개념확인 3 질량 6 kg의 물체가 받는 지표면에서의 중력과 달 표면에서의 중력을
각각 kgf 과 N 으로 나타내시오.

　　　　　지구에서　㉠(　　　　)kgf, ㉡(　　　　)N
　　　　　달에서　　㉢(　　　　)kgf, ㉣(　　　　)N

확인 +3 지구 표면에서 질량 10 kg의 물체가 지구로부터 받는 중력을 kgf 과 N
으로 표시하시오.

　① 10 kgf　　49 N　　　　　　　② 10 kgf　　98 N
　③ 30 kgf　　49 N　　　　　　　④ 30 kgf　　98 N
　⑤ 30 kgf　　294 N

4. 질량과 무게

(1) 질량과 무게 : 질량은 물체의 고유한 양이며, 무게는 물체에 작용하는 중력의 크기이다.

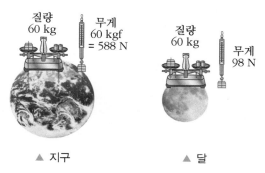

▲ 지구   ▲ 달

(2) 질량과 무게의 비교

구분	질량	무게
뜻	물체의 고유한 양	지구(달)에서의 중력의 크기
단위	g, kg	N, kgf
장소에 따라	변하지 않음	변함
달 표면과 지표면에서	같음	달 표면에서는 지표면의 $\frac{1}{6}$

정답 및 해설 **06 쪽**

개념확인 4

지구에서 질량이 30 kg인 우주인이 달로 여행을 갔다. 달에서 측정한 우주인의 무게와 질량은?

㉠ 무게 (   )N

㉡ 질량 (   )kg

확인 + 4

지구에서 질량이 48 kg인 사람이 있다. 이 사람을 달에 데려가서 측정한 질량과 무게는?

	질량	무게		질량	무게
①	48kg	470.4 N	②	48kg	78.4 N
③	48kg	470.4 N	④	8kg	78.4 N
⑤	8kg	470.4 N			

2강 질량과 무게 **31**

◯ 간단실험

양팔 저울과 용수철 저울

① 양팔 저울에 물체를 올려 수평을 이루게 하여 눈금을 읽는다.
② 용수철 저울에 물체를 달아 눈금을 읽는다.
③ ①, ②에서 측정한 것은 각각 질량인가, 무게인가?

◯ 질량과 무게 비교

① 질량은 크기만 있고, 무게는 크기와 방향을 함께 가진다.
② 질량은 절대로 0이 될 수 없고, 무게는 0이 될 수 있다. 무게가 0인 상태를 '무중력 상태'라고 한다.

◯ 생각해보기 ★★★★

날씬해지고 싶어하는 친구가 달에 가기로 결심했다. 달에 가면 이 친구는 가벼워질 수 있을까?

개념 다지기

01 다음 그림은 지구 표면의 공의 모습이다. 이 공이 받는 중력의 방향은?

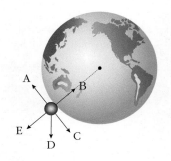

① A   ② B   ③ C   ④ D   ⑤ E

02 중력에 대한 다음 설명 중 옳지 <u>않은</u> 것은?

① 중력은 인력만 작용한다.
② 땅속에서는 중력이 0이다.
③ 무거운 물체일수록 중력의 크기는 크다.
④ 폭포에서 물이 떨어지는 것은 중력 때문이다.
⑤ 지표면과 닿아있지 않은 물체에도 중력이 작용한다.

03 지표면에서 최대 300 kgf의 역기를 들 수 있는 역도 선수가 달 표면에 간다면 최대 몇 kg의 역기를 들 수 있을까?

① 50 kg   ② 100 kg   ③ 300 kg   ④ 900 kg   ⑤ 1800 kg

04 다음 〈보기〉에서 질량과 무게에 대한 설명을 옳게 고른 것은?

〈 보기 〉
ㄱ. 물체의 고유한 양이다.
ㄴ. 물체에 작용하는 중력의 크기이다.
ㄷ. 용수철 저울로 측정한다.
ㄹ. 윗접시 저울로 측정한다.
ㅁ. 단위로 kgf를 쓴다.
ㅂ. 측정 장소에 따라 값이 달라진다.
ㅅ. 측정 장소나 시간에 따라 변하지 않고 일정하다.

	질량	무게			질량	무게
①	ㄱ	ㅅ		②	ㄴ	ㄹ
③	ㄷ	ㄹ		④	ㄹ	ㅅ
⑤	ㄹ	ㅁ				

05 질량과 무게에 대한 설명이다. 옳지 <u>않은</u> 것은?

① 질량에 따라서 무게가 결정된다.
② 무게의 단위는 킬로그램(kg)이다.
③ 무게는 측정 장소에 따라 달라진다.
④ 질량은 윗접시 저울을 사용하여 측정한다.
⑤ 무게는 용수철 저울을 사용하여 측정한다.

06 지구 표면에서 질량이 1 kg인 물체에 작용하는 중력은 9.8 N이다. 질량이 30 kg인 물체를 달에 가져가면 질량과 무게는 각각 얼마가 되겠는가?

	질량	무게			질량	무게
①	5 kg	98 N		②	5 kg	49 N
③	30 kg	30 N		④	30 kg	98 N
⑤	30 kg	49 N				

[유형 2-1] 중력

다음 그림은 지구 표면에 서 있는 사람에게 작용하는 중력을 나타낸 것이다. 이에 대한 설명으로 옳지 않은 것은?

① 지구가 사람을 끌어당긴다.
② 무거운 사람일수록 작용하는 중력이 더 크다.
③ 사람에게 작용하는 중력은 사람의 질량과 같다.
④ 지구 표면의 사람이 허공으로 뛰어 올라도 중력은 작용한다.
⑤ 지구가 완전히 둥글다면 그림 상의 모든 위치에서 중력의 크기는 같다.

Tip!

01 그림은 농구공을 지표면 상에서 위로 던졌을 때의 운동을 나타낸 것이다. 손을 떠난 공이 A, B, C 각 지점에서 받는 중력의 방향을 화살표로 바르게 나타낸 것은?

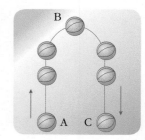

A B C ① ↑ ↑ ↑   A B C ② ↑ ↑ ↓   A B C ③ ↑ ↓ ↓
④ ↓ ↓ ↓   ⑤ ↓ ↑ ↓

02 〈보기〉는 중력에 대한 설명이다. 빈칸에 들어갈 올바른 답을 순서대로 고른 것은?

─────〈 보기 〉─────
중력의 크기는 질량이 (   )수록, 지구 중심으로부터 물체까지의 거리가 (   )수록 크다.

① 작을, 작을   ② 작을, 클   ③ 클, 작을
④ 클, 클   ⑤ 일정할, 클

[유형 2-2] 질량과 질량 측정

그림 A는 윗접시 저울로 물체의 질량을 측정하고 있는 모습이다. 그림 B처럼 이 물체를 달에 가져가서 질량을 측정하였다. 이때의 질량을 지구에서의 질량과 비교하여 바르게 설명한 것은?

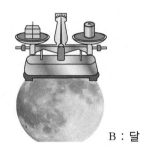

A : 지구　　　　　　　　　　　　　　　　　B : 달

① 질량은 지구에서와 같게 측정된다.
② 달에는 중력이 없으므로 질량을 잴 수 없다.
③ 달에서는 윗접시 저울로 질량을 측정할 수 없다.
④ 지구의 중력이 더 크기 때문에 달에서의 질량은 작아진다.
⑤ 달에서는 분동이 가벼워지기 때문에 질량도 작게 측정된다.

03 다음과 같은 찰흙 덩어리의 질량을 측정하였더니 100 g이었다. 질량 측정 후, 찰흙 덩어리를 여러 조각으로 나누어서 한꺼번에 다시 질량을 측정하였다. 여러 조각으로 나누어진 찰흙의 전체 질량은 얼마인가?

(　　　　　　　)

Tip!

04 질량이 10 kg인 가방을 들고 집을 나서서 산 꼭대기에 올라갔다. 산꼭대기에 올라갔을 때 가방의 질량은 얼마가 되겠는가?

① 5 kg　　　② 10 kg　　　③ 15 kg　　　④ 20 kg　　　⑤ 25 kg

[유형 2-3] 무게와 무게 측정

다음 그림과 같이 용수철에 사과를 매달아 용수철의 늘어난 길이를 측정하였다.

이때 용수철의 늘어난 길이가 6 cm였다. 이 사과와 용수철을 달에 가져가 같은 실험을 했을 때, 용수철의 늘어난 길이는 몇 cm인가?

① 1 cm   ② 3 cm   ③ 6 cm   ④ 12 cm   ⑤ 36 cm

Tip!

05 98 N의 무게와 같은 크기의 힘을 바르게 나타낸 것은?

① 10 gf   ② 10 kg   ③ 10 kgf
④ 98 gf   ⑤ 98 kgf

06 달에서의 무게에 대한 설명으로 옳지 <u>않은</u> 것은?

① 단위는 kgf이다.
② 질량에 무관하다.
③ 용수철 저울로 측정한다.
④ 지구에서의 무게보다 작다.
⑤ 달에서 물체에 작용하는 중력이다.

[유형 2-4] 질량과 무게

달 표면에서 질량 10 kg인 물체가 있다. 이 물체를 지구 표면으로 가지고 오면 물체의 질량과 무게는 각각 얼마가 되겠는가?

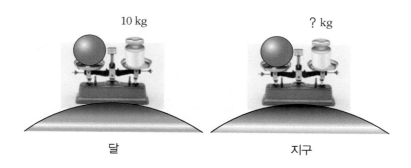

10 kg   ? kg

달   지구

(1) 질량 :

(2) 무게 :

07 다음 그림과 같이 달 표면에서 사과의 질량을 윗접시 저울로 측정하였더니 600 g이었다.

600 g   ? g

달   지구

이 사과를 지구 표면에 가져와 윗접시 저울로 질량을 측정한다면 몇 g이겠는가?

① 100 g   ② 300 g   ③ 600 g   ④ 900 g   ⑤ 3600 g

08 달 표면에서 무게가 49 N인 물체가 있다. 지표면에서 이 물체의 질량과 무게는 각각 얼마인가? (단, 지구에서 1 kgf = 9.8 N이다.)

	질량(kg)	무게(N)		질량(kg)	무게(N)
①	5	98	②	5	294
③	30	60	④	30	98
⑤	30	294			

Tip!

01 지구에서 우주 왕복선이 출발하여 지구로부터 점점 멀어지고 있다.

지구로부터 멀어지는 우주 왕복선의 질량과 무게는 각각 어떻게 되겠는지 서술하시오.

02 높은 산 꼭대기의 A 마을과, 낮은 평지에 있는 B 마을은 서로 같은 양의 감자와 쌀을 교환하기로 하였다. 다음 그림과 같이 두 마을은 자신들이 사는 마을에서 감자와 쌀의 양을 저울로 측정한다.

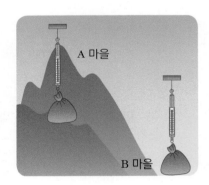

용수철 저울을 사용했을 때와 윗접시 저울을 사용했을 때의 거래 중 어떤 저울을 사용했을 때 공정하며, 어떤 저울을 사용했을 때 공정하지 않은지, 이때 어느 마을이 손해를 보는지 이유와 함께 쓰시오.

03

키와 몸무게가 똑같은 일란성 쌍둥이 A와 B가 있다. 어느 날 B는 우주 여행을 하기 위해 우주선을 타고 지구를 떠나게 된다. B가 탄 우주선이 지표면을 떠나 200 km 상공을 비행하고 있을 때, 두 사람은 각자가 있는 위치에서 몸무게를 재보기로 했다.

지구 중심에서 지표면의 쌍둥이 A까지의 거리는 지구 반지름과 같고, 지구 반지름은 약 6,400 km이다.

지표면에 있는 쌍둥이 A와 200 km 상공을 비행하는 쌍둥이 B의 몸무게를 비교하면 어떠한 결과가 나올지 설명해 보시오.

04 다음 그림은 지구의 반지름을 표시한 것이다.

〈지구의 반지름〉

극 반지름 : 6,357 km

적도 반지름 : 6,378 km

(1) 그림과 같이 지구의 적도 반지름이 극반지름보다 긴 이유는 무엇일까?

(2) A는 서울에서, B는 북극에서, C는 적도 지방에서 자신의 몸무게를 각각 측정하였더니, 세 사람 모두 600 N 이었다. 이 세 사람이 남극에서 만나 몸무게를 측정할 때, 세 사람의 몸무게 크기를 부등호로 표시하고 이유를 설명하시오.

05 다음 그림과 같이 지구 주위를 돌고 있는 우주 정거장 안에서는 중력을 거의 느끼지 않는 상태를 경험할 수 있다.

(1) 지구에서 다음과 같이 몸무게를 쟀다. 지구 보다 중력이 더 작은 행성에 갔을 때 몸무게를 재면 어떻게 될 것인가?

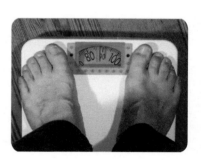

(2) 우주에서는 우주 저울을 이용하여 스카이콩콩처럼 물체를 판 위에 올려 튕겨내면서 그 힘을 계산하는 방법으로 무게를 잴 수 있다. 이처럼 우주 공간에서는 직접 체중계에 올라가서 몸무게를 재지 않고 물체가 눌렸다 튕겨 나가는 가속도를 측정하여 계산하는 방식으로 몸무게를 측정하는 이유를 설명하시오.

01 다음은 중력에 대한 설명이다. 옳은 것은 O표, 옳지 않은 것은 X표 하시오.

(1) 중력의 단위로 kg을 사용한다.　　　（　　）

(2) 지구가 물체를 지구 중심 방향으로 끌어당기는 힘을 말한다.　　　（　　）

(3) 1 kg의 물체에 작용하는 중력과 2 kg의 물체에 작용하는 중력의 크기는 같다.　（　　）

02 지구에서 질량이 60 kg인 물체가 있다. 이 물체를 달로 가져간다면, 이 물체의 질량은 몇 kg인가?

（　　　　　）

03 목성의 중력은 지구의 2.4 배이다. 지구에서 몸무게가 60 kgf인 사람이 목성에 갔을 때, 이 사람의 몸무게와 질량은 각각 얼마인지 단위까지 쓰시오.

(1) 몸무게 （　　　　　）

(2) 질량 （　　　　　）

04 다음 중 무게에 대한 설명은 '무', 질량에 대한 설명은 '질' 이라고 쓰시오.

(1) 양팔 저울로 잴 수 있다.　　　（　　）

(2) N, kgf을 단위로 사용한다.　　　（　　）

(3) 변하지 않는 물체의 고유한 양이다. （　　）

05 다음은 무게에 대한 설명이다. 옳은 것은 O표, 옳지 않은 것은 X표 하시오.

(1) 무게는 0이 될 수도 있다.　　　（　　）

(2) 장소에 상관없이 일정한 양이다. （　　）

(3) 용수철 저울로 측정할 수 있다.　（　　）

06 다음은 중력에 대한 설명이다. 빈칸에 들어갈 알맞은 말을 한글로 써 넣으시오.

중력의 크기를 표시하는 단위는 ㉠ （　　　）이고, 중력의 방향은 지구 ㉡ （　　　） 방향이다.

07 다음의 여러 현상들 중 중력에 의한 현상인 것은 O표, 아닌 것은 X표 하시오.

(1) 물이 아래로 흐른다.　　　（　　）

(2) 공을 위로 던지면 아래로 떨어진다. （　　）

(3) 찰흙의 모양을 변화시켜도 질량이 변하지 않는다.　　　（　　）

08 달에서 물체의 질량을 재보기 위해 윗접시 저울을 이용하였다. 수평을 이루는 분동의 질량이 900 g일 때, 이 물체를 지구에 가져왔을 때 평형을 이루는 분동의 질량은 몇 g인가?

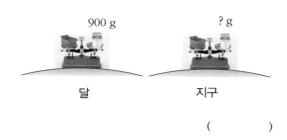

(   )

09 49 N 을 kgf 으로 나타내면 몇 kgf 인가?

(   )kgf

10 다음 그림은 지구 위에 있는 물체를 나타낸 것이다. 각 물체에 작용하는 중력의 방향으로 옳은 것은?

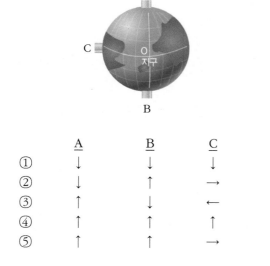

	A	B	C
①	↓	↓	↓
②	↓	↑	→
③	↑	↓	←
④	↑	↑	↑
⑤	↑	↑	→

11 야구공을 던졌더니 다음 그림과 같이 야구공이 포물선을 그리며 날아갔다. 공이 A 위치에 있을 때 공에 작용하는 중력의 방향은?

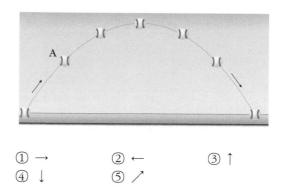

① →   ② ←   ③ ↑
④ ↓   ⑤ ↗

12 질량에 대한 설명 중 옳은 것을 <u>모두</u> 고르시오.(3개)

① 물체의 질량은 0이 될 수 없다.
② 물체의 변하지 않는 고유의 양이다.
③ 물체의 모양을 변화시키면 질량이 변한다.
④ 윗접시 저울과 분동을 이용하여 측정할 수 있다.
⑤ 물체를 달로 가져가면 지구에서의 질량의 $\frac{1}{6}$ 이 된다.

13 지구에서 질량이 18 kg인 물체를 달에 가져가서 질량을 측정하려고 한다. 이때 필요한 저울과 달에서의 질량을 바르게 짝지은 것은?

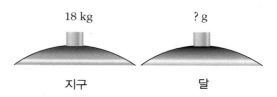

① 윗접시 저울 - 3 kg   ② 용수철 저울 - 3 kg
③ 윗접시 저울 - 18 kg   ④ 용수철 저울 - 18 kg
⑤ 윗접시 저울 - 176.4 kg

14 다음은 우리 주변에서 볼 수 있는 저울들이다. 이 중 질량을 측정할 수 있는 저울은 어떤 것인지 <u>모두</u> 고르시오.(2개)

①

②

③

④

⑤

16 지구 표면에서 질량 3 kg인 물체의 무게를 kgf과 N으로 옳게 나타낸 것은?

	kgf	N		kgf	N
①	3 kgf	29.4 N	②	3 kgf	58.8 N
③	9 kgf	29.4 N	④	9 kgf	58.8 N
⑤	9 kgf	88.2 N			

15 지표면에서의 중력은 달 표면의 중력보다 6배가 크다. 달에서 어떤 물체에 작용하는 중력의 크기를 측정해 보니 12 kgf 이었다. 이 물체를 지구로 가져왔을 때 작용하는 중력의 크기와, 이 힘의 명칭을 바르게 짝지은 것은?

① 12 kgf, 무게 ② 12 N, 무게
③ 72 kgf, 질량 ④ 72 N, 질량
⑤ 72 kgf, 무게

17 다음 그림은 지구에서 어떤 물체의 질량과 무게를 윗접시 저울과 용수철 저울로 측정하는 모습을 나타낸 것이다. 이 물체를 달에 가져가서 같은 방법으로 측정할 때 각 저울이 나타내는 측정값을 옳게 나열한 것은?

지구   달

① 윗접시 저울 - 1 kg, 용수철 저울 - 9.8 N
② 윗접시 저울 - 6 kg, 용수철 저울 - 9.8 N
③ 윗접시 저울 - 1 kg, 용수철 저울 - 58.8 N
④ 윗접시 저울 - 6 kg, 용수철 저울 - 58.8 N
⑤ 윗접시 저울 - 36 kg, 용수철 저울 - 58.8 N

18 그림은 지구와 달에서 질량과 무게를 측정하는 모습을 나타낸 것이다. 이 그림으로부터 알 수 있는 사실에 대한 설명으로 옳은 것은?

① 지구에서 달로 가면 질량과 무게 모두 변한다.
② 질량은 용수철 저울, 무게는 윗접시 저울로 측정한다.
③ 지구에서 멀어질수록 무게는 커지지만 질량은 변하지 않는다.
④ 질량은 물체의 고유한 양으로 측정하는 장소에 따라 변하지 않는다.
⑤ 무게는 물체에 작용하는 중력의 크기이므로 지구에서는 측정하는 장소에 따라 변하지 않는다.

19 다음의 여러 가지 저울 중 무게를 잴 수 있는 저울을 모두 고르시오. (3개)

① 　②

③ 　④

⑤

20 질량과 무게에 대한 대화이다. 옳게 말을 한 사람만을 있는 대로 고른 것은?

> 용강 : 지구의 중력은 달 중력의 6배야.
> 중일 : 내 몸무게는 60 kg이니까 달에 가서 무게를 재면 10 kg이겠다.
> 하연 : 난 지구에서 무게가 20 N짜리 아령을 들수 있는데, 달에 가면 무게 120N인 아령도 들 수 있겠다.

① 용강　　　　　　② 용강, 중일
③ 용강, 하연　　　④ 중일, 하연
⑤ 용강, 중일, 하연

창의력 서술

21 키와 몸무게가 같은 쌍둥이 중 한 명은 지구에 남고 한 명은 우주선을 타고 지구에서 멀어지는 중이다. 두 쌍둥이의 몸무게는 어떻게 차이나는지 설명하시오.

22 서울에서 몸무게가 60 N인 사람이 북극과 적도에서 몸무게를 잰다면 각각 어떻게 될지 설명해보시오.

3강. 여러 가지 힘

● 간단실험

풍선을 문질러 종이 조각을 붙여 보자

① 풍선을 불어 면이나 털가죽으로 문지른다.

② 작은 종이 조각에 풍선을 가까이 하여 종이 조각이 붙는지 확인한다.

● 전기력의 이용 예

예	전기력 이용
프린터	잉크와 종이를 서로 다른 전기를 띠게 하여 잘 붙게 만든다.
공기 청정기	마찰 전기를 이용하여 먼지를 서로 달라 붙여서 무겁게 만들어 가라앉힌다.
먼지 떨이	먼지떨이의 합성 물질의 마찰 전기로 인해 먼지가 먼지 떨이에 달라붙는다.

● 전기의 역사

B.C.600년 경 그리스의 탈레스가 장식용 호박을 닦다가 호박에 먼지가 달라붙는 것을 발견하였다. 그 후 호박(electrum)이라는 그리스어에서 전기(electricity)라는 말이 유래가 된 것이다.

● 생각해보기 ★

겨울철 다른 사람과 손이 닿을 때면 찌릿한 느낌인 마찰 전기에 놀라곤 한다. 그렇다면 내 두 손이 서로 닿을 때에도 마찰 전기가 발생할까?

미니사전

호박 지질 시대의 나무의 진 따위가 땅 속에 묻혀서 굳어진 노란색 광물

인력 [引 끌어당기다 力 힘] 서로 끌어당기는 힘

척력 [斥 밀다 力 힘] 서로 밀어내는 힘

---

1. 전기력

(1) 전기력 : 전기를 띤 물체 사이에 작용하는 힘

① **마찰 전기** : 서로 다른 두 물체를 마찰시킬 때 발생하는 전기로 (+)전기와 (−)전기가 있다. 다음은 마찰 전기가 발생하는 예이다.

▲ 빗으로 머리를 빗을 때　　▲ 스웨터를 벗을 때　　▲ 마찰시킨 풍선에 종이가 붙을 때

② **전기력의 종류** : 전기를 띤 물체 사이에는 인력(서로 잡아당기는 힘) 또는 척력(서로 미는 힘)이 작용한다.

인력	척력	
잡아당김	밀어냄	밀어냄
다른 종류의 전기 사이에 작용	같은 종류의 전기 사이에 작용	

(2) 전기력의 크기

· 두 물체가 떨어져 있어도 힘이 작용한다.

· 두 물체 사이의 거리가 가까울수록 두 물체 사이의 전기력이 커진다.

· 두 물체 각각의 전기량이 클수록 두 물체 사이의 전기력이 커진다.

개념확인 1

전기력에 대한 설명으로 옳은 것은 O표, 옳지 않은 것은 X표 하시오.

(1) 다른 종류의 전기 사이에는 척력이 작용한다.　　　　　(　　)

(2) 두 물체가 떨어져 있으면 힘이 작용하지 않는다.　　　　(　　)

(3) 두 물체 사이의 거리가 가까울수록 전기력은 크다.　　　(　　)

(4) TV화면에 먼지가 달라붙는 것은 전기력 때문이다.　　　(　　)

확인 + 1

오른쪽 그림은 마찰시킨 풍선 두 개를 같이 걸어 놓았더니 서로 떨어져 매달려 있는 모습을 나타낸 것이다. 이에 대한 설명으로 옳은 것은?

① 두 물체 사이에는 힘이 작용하지 않는다.

② 두 고무 풍선은 다른 종류의 전기를 띠었다.

③ 두 고무 풍선 사이에 작용하는 힘은 중력이다.

④ 걸을 때 스타킹에 치마가 달라붙는 것도 같은 현상 때문이다.

⑤ 고무 풍선 사이의 거리가 멀수록 작용하는 힘의 세기가 더 커진다.

2. 자기력

(1) 자기력 : 자석과 자석, 자석과 쇠붙이 사이의 두 극 사이에 작용하는 힘으로 인력과 척력이 있다.

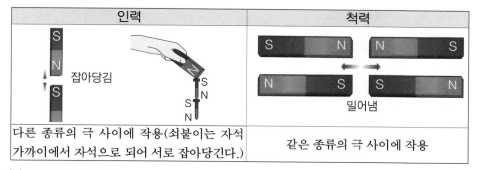

인력	척력
잡아당김	밀어냄
다른 종류의 극 사이에 작용(쇠붙이는 자석 가까이에서 자석으로 되어 서로 잡아당긴다.)	같은 종류의 극 사이에 작용

(2) 자기력의 크기

· 두 자석이 떨어져 있을 때에도 힘이 작용한다.
· 자석과 자석, 자석과 쇠붙이 사이의 거리가 가까울수록 크다.
· 자석의 양 끝으로 갈수록 자기력을 크게 낼 수 있다.

(3) 자기력의 이용 예

지구 자기장	자기 부상 열차	냉장고 문	전자석 기중기

정답 및 해설 **10 쪽**

개념확인 2 자기력에 대한 설명으로 옳은 것은 O표, 옳지 않은 것은 X표 하시오.

(1) 같은 종류의 극 사이에는 인력이 작용한다. ( )
(2) 두 자석이 떨어져 있으면 힘이 작용하지 않는다. ( )
(3) 두 자석 사이의 거리가 가까울수록 자기력은 크다. ( )
(4) 지구는 커다란 자석이며, 북극이 N극이다. ( )

확인 +2 오른쪽 그림과 같이 자석 A를 실에 매달고 다른 자석 B를 가까이 하였더니 자석 A가 밀려났다. 이에 대한 설명으로 옳은 것은?

자석 A
자석 B

① ⓐ와 ⓒ는 서로 같은 극이다.
② ⓑ와 ⓒ는 서로 같은 극이다.
③ ⓑ와 ⓒ 사이에는 힘이 작용하지 않았다.
④ 자석 A를 회전시켜 ⓐ와 ⓑ의 자리를 바꾸어도 자석 A는 밀려난다.
⑤ 자석 A와 자석 B 사이에는 전기력이 작용하였다.

● 간단실험

마찰력의 크기를 직접 비교해
보자.

① 책상면에서 용수철 저울을
　당겨본다.
② ①번과 같은 면에서 당기
　는 물체의 무게를 무겁게
　한 후 당겨본다.
③ 물체를 세워서 용수철 저
　울을 당겨본다.
④ 유리면 위에서 용수철 저
　울을 당겨본다.

[실험 결과]
잡아당기기 어려운 정도(마찰
력 크기)
④ < ① = ③ < ②

● 마찰력이 커야 편리한 경우

구분	예
스노우 체인	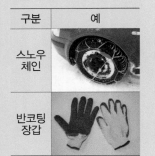
반코팅 장갑	

· 등산용 신발
· 역도 선수의 송진 가루
· 미끄럼 방지 계단
· 고무 장갑
· 빙판길에 모래 뿌리기
· 스파이크 신발

● 마찰력이 작아야 편리한
　경우

구분	예
공기 부양선	
유선형 열차	

· 바퀴의 베어링
· 전신 수영복

● 생각해보기 ★★★
　마찰력이 없는 세상은 어
　떤 모습일까?

3. 마찰력

(1) 마찰력 : 두 물체의 접촉면 사이에서 물체의 운동을 방해하는 힘

마찰력과 마찰력의 방향	
물체가 운동할 때 : 운동 방향과 반대 방향	물체가 정지해 있을 때 : 운동시키려는 방향과 반대 방향

(2) 마찰력의 크기 : 물체의 무게가 무거울수록, 접촉면이 거칠수록 마찰력이 크다.

접촉면(수평면)의 표면이 거칠수록 큰 마찰력이 작용한다.	
수평면 위의 물체의 무게가 무거울수록 큰 마찰력이 작용한다.	

※ 무게가 같은 물체인 경우 접촉면의 면적이 달라져도 마찰력의 크기는 변함이 없다.

개념확인 3 다음은 수평면 위의 물체에 작용하는 마찰력의 크기에 대한 설명이다. 빈칸
에 알맞은 기호를 넣으시오.

〈 보기 〉
ⓐ 작아진다　　　ⓑ 커진다　　　ⓒ 변함없다

(1) 접촉면이 거칠수록 마찰력의 크기는 (　　　　　)
(2) 물체의 무게가 클수록 마찰력의 크기는 (　　　　　)
(3) 같은 물체일 때 접촉면의 면적이 달라지면 마찰력의 크기는 (　　　　　)

확인 +3 다음 중 마찰력이 커서 편리한 경우가 <u>아닌</u> 것은?

① 등산용 신발　　　　　　② 미끄럼 방지 계단
③ 역도 선수의 송진가루　　④ 울퉁불퉁한 고무 장갑
⑤ 인라인 스케이트의 베어링

4. 탄성력

(1) 탄성력 : 탄성체(용수철 등)를 변형시켰을 때 원래의 상태로 되돌아가려는 성질을 탄성이라고 하고, 그때의 힘을 탄성력(복원력)이라고 한다.

미는 힘 / 물체 / 탄성력 / 용수철	탄성력 / 당기는 힘 / 용수철 / 물체
용수철을 밀 때 : 용수철의 탄성력은 미는 방향과 반대 방향으로 작용한다.	용수철을 잡아당길 때 : 용수철의 탄성력은 당기는 방향과 반대 방향으로 작용한다.

(2) 탄성력의 크기와 방향
- 물체에 작용한 힘의 크기와 같다.
- 탄성체가 변형이 많이 될수록 탄성력의 크기가 커진다.
- 물체에 작용한 힘의 방향과 반대 방향이다.

(3) 탄성력의 이용

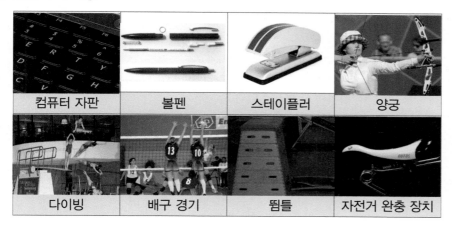

컴퓨터 자판	볼펜	스테이플러	양궁
다이빙	배구 경기	뜀틀	자전거 완충 장치

정답 및 해설 **10** 쪽

개념확인 4

다음 중 탄성력을 이용한 예가 <u>아닌</u> 것은?

① 양궁 경기　　　　　② 용수철 저울
③ 배구 경기　　　　　④ 자전거 완충 장치
⑤ 유선형 열차

확인 + 4
오른쪽 그림은 용수철에 10 N의 힘을 주어 압축시키는 모습이다. 이때 손에 작용하는 탄성력의 크기와 방향이 바르게 짝지어진 것은?

10 N →

	크기	방향		크기	방향
①	5 N	오른쪽	②	5 N	왼쪽
③	10 N	오른쪽	④	10 N	왼쪽
⑤	15 N	오른쪽			

간단실험

용수철 저울을 이용하여 탄성력의 크기를 측정해 보자.

① 용수철 저울에 추를 1개 걸어서 눈금을 측정한다.
② 추의 개수를 늘려가며 변화된 눈금을 측정한다.
③ 용수철이 늘어난 길이와 탄성력 사이의 관계를 추리해 보자.

[실험 결과]
매달린 추의 개수에 비례해서 용수철의 늘어난 길이가 증가한다. 이때 각 경우 탄성력 크기는 추의 무게와 같다.

복원력
원래의 상태로 되돌아 가려는 힘으로 탄성력이 그 예이다.

우리 몸속 탄성력

우리 몸속의 근육과 피부에도 탄성이 있다.

공기의 탄성력
공기도 압축되면 탄성력이 발생하여 주사기가 원래의 위치로 돌아가려 한다.

공기의 탄성력 / 나무 도막이 누르는 힘

생각해보기 ★★★★
용수철이나 고무줄이 아닌 철이나 유리와 같은 단단한 물체도 탄성이 있을까?

미니사전
탄성 [彈 튀기다 性 성질] 모양을 변화시켰을 때 원래의 상태로 되돌아가려는 성질
탄성체 [彈 튀기다 性 성질 體 형상] 탄성을 가진 물체

01 다음 중 전기력에 대한 설명으로 옳지 <u>않은</u> 것은?

① 전기를 띤 두 물체 사이의 거리가 가까울수록 크다.
② 전기를 띤 물체 사이에 작용하는 힘이다.
③ 다른 종류의 전기 사이에는 척력이 작용한다.
④ 전기를 띤 두 물체가 접촉해 있지 않아도 힘이 작용한다.
⑤ 헝겊으로 마찰시킨 풍선에 종이가 붙는 것도 전기력 때문이다.

02 자기력에 의해 나타나는 현상을 〈보기〉에서 모두 고른 것은?

─── 〈 보기 〉 ───
ㄱ. 나침반의 N극이 북극을 가리킨다.
ㄴ. 자기 부상 열차가 달린다.
ㄷ. 프린터로 인쇄를 한다.
ㄹ. 겨울철 문 손잡이를 잡는 순간 따끔함을 느낀다.

① ㄱ, ㄴ   ② ㄱ, ㄷ   ③ ㄱ, ㄹ
④ ㄱ, ㄴ, ㄷ   ⑤ ㄴ, ㄷ, ㄹ

03 다음 중 전기력과 자기력에 대한 설명으로 옳은 것은?

① 인력과 척력이 있다.
② 물체가 서로 떨어져 있을 때만 작용한다.
③ 자기력은 자석 사이에서만 작용하는 힘이다.
④ 두 물체 사이의 거리가 멀수록 더 큰 힘이 작용한다.
⑤ 서로 다른 두 물체를 마찰시키면 두 물체 사이에 자기력이 작용한다.

04 다음 중 마찰력에 대한 설명으로 옳은 것은?

① 면과 접촉해 있는 물체가 받는 마찰력은 면이 거칠기 때문에 발생한다.
② 면 위의 물체가 받는 마찰력은 물체의 무게가 작을수록 커진다.
③ 면 위의 물체가 받는 마찰력은 접촉면의 표면이 거칠수록 작아진다.
④ 수평면 위에서 물체를 밀었으나 물체가 움직이지 않으면 물체에 작용하는 마찰력의
크기는 0이다.
⑤ 수평면 위에서 물체가 운동 중일 때 물체가 받는 마찰력은 운동 방향과 같은 방향으
로 발생한다.

05 다음 그림과 같이 용수철에 5 N의 힘을 주어 왼쪽으로 잡아당겼다. 이때 물체에 작용
하는 탄성력에 대한 설명으로 옳은 것은?

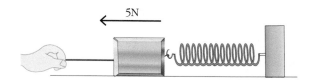

① 탄성력의 방향은 왼쪽이다.
② 탄성력의 크기는 5N보다 크다
③ 용수철이 원래 상태로 되돌아가려는 힘이다.
④ 용수철을 잡아당기는 힘이 클수록 작아진다.
⑤ 용수철을 오른쪽으로 밀어도 탄성력의 방향은 같다.

06 마찰력과 탄성력의 공통점을 〈보기〉에서 모두 고른 것은?

─〈 보기 〉─

ㄱ. 서로 접촉해 있을 때만 힘이 작용한다.
ㄴ. 서로 떨어져 있을 때에도 힘이 작용한다.
ㄷ. 물체의 무게가 무거울수록 더 큰 힘이 작용한다.
ㄹ. 정지한 물체에 작용한 힘의 방향과 반대 방향으로 작용한다.

① ㄱ, ㄴ   ② ㄱ, ㄷ   ③ ㄱ, ㄹ
④ ㄱ, ㄴ, ㄷ   ⑤ ㄴ, ㄷ, ㄹ

[유형 3-1] 전기력

전기를 띤 쇠구슬 4개를 매달았더니 오른쪽 그림과 같은 모습이 되었다. 이에 대한 설명으로 옳은 것은?

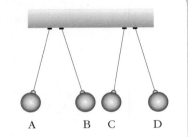

① A와 B 사이에는 인력이 작용하고 있다.
② B와 C 사이에는 척력이 작용하고 있다.
③ C와 D 사이에는 척력이 작용하고 있다.
④ A와 C는 같은 종류의 전기를 띠고 있다.
⑤ B와 D는 같은 종류의 전기를 띠고 있다.

Tip!

01 다음 그림은 전기를 띤 두 물체 사이에 작용하는 전기력의 모습을 나타낸 것이다. 옳은 것을 바르게 짝지은 것은?

〈 보기 〉

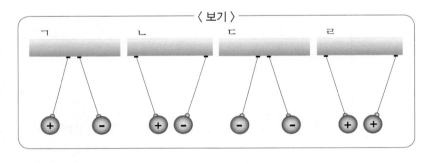

① ㄱ, ㄴ   ② ㄴ, ㄷ   ③ ㄷ, ㄹ
④ ㄱ, ㄷ   ⑤ ㄴ, ㄹ

02 다음 중 전기력과 관련된 것으로 옳지 <u>않은</u> 것은?

① 먼지 떨이에 먼지가 달라 붙는다.
② 스웨터를 벗을 때 머리카락이 달라 붙는다.
③ 털옷으로 문지른 풍선에 색종이가 달라 붙는다.
④ 미끄럼 방지를 위해 양말 바닥에 고무를 붙인다.
⑤ 헝겊에 문지른 물체를 물줄기에 가까이 가져가면 물줄기가 휜다.

[유형 3-2] 자기력

다음 그림과 같이 놓여진 자석에 극을 알 수 없는 다른 자석을 놓았더니 두 자석이 서로 가까워졌다. 이에 대한 설명으로 옳은 것은?

① A는 S극이다.
② B는 N극이다.
③ 두 자석 사이에는 인력이 작용한다.
④ 두 자석 사이가 멀수록 자기력은 세진다.
⑤ 한 자석의 세기가 세지면 자기력이 약해진다.

03 오른쪽 그림은 나침반이 지구 자기장에 의하여 어떤 방향을 가리키고 있는 모습을 나타낸 것이다. 이때 나침반의 자침에 작용한 힘에 대한 설명으로 옳은 것은?

Tip!

① 인력만 작용한다.
② 전기력과 공통점이 없다.
③ 자석과 쇠붙이 사이에서도 작용한다.
④ 거리에 관계없이 힘의 크기가 일정하다.
⑤ 두 물체가 떨어져 있으면 힘이 작용하지 않는다.

04 자석을 이용하여 클립을 들어올리고 있다. 이때 작용한 힘에 대한 설명으로 옳은 것은?

① 자석을 반으로 쪼개면 힘이 더 커진다.
② 클립의 수가 증가하면 힘이 더 약해진다.
③ 자석과 클립 사이에는 전기력이 작용한다.
④ 자석의 양 끝보다는 가운데의 힘이 더 세다.
⑤ 자석과 클립이 접촉하지 않아도 힘이 작용한다.

[유형 3-3] 마찰력

다음 그림 중 정지해 있는 나무 도막을 끌어당겨 움직이게 하기 위해 가장 큰 힘이 필요한 경우는? (단, 나무 도막의 무게는 모두 같다.)

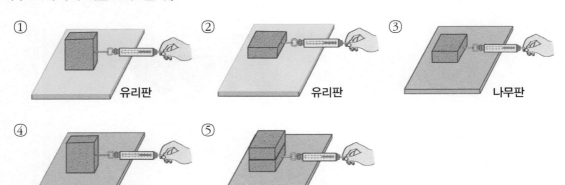

① 유리판 ② 유리판 ③ 나무판

④ 나무판 ⑤ 나무판

Tip!

05 다음 그림은 무게와 재질, 크기가 같은 종류의 나무 도막을 동일한 면에서 천천히 잡아당기는 모습을 나타낸 것이다. 이때 나무 도막이 움직이는 순간 측정한 눈금의 크기 비교가 옳은 것은?

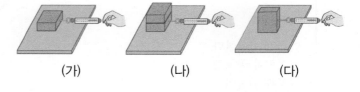

(가) (나) (다)

① (가) = (나) ② (나) = (다) ③ (가) = (다)
④ (가) < (다) ⑤ (나) < (다)

06 다음 중 마찰력을 이용한 방법이 <u>다른</u> 하나는?

① 무거운 물체에 바퀴를 달았다.
② KTX의 모양을 유선형으로 하였다.
③ 인라인 스케이트에 베어링을 달았다.
④ 전신 수영복을 입고 기록을 단축시켰다.
⑤ 투수가 공을 던지기 전에 송진 가루를 손에 발랐다.

[유형 3-4] 탄성력

오른쪽 그림과 같이 용수철에 무게가 7 N인 물체를 매달았다. 이때 물체에 작용한 탄성력의 크기와 방향이 바르게 짝지어진 것은?

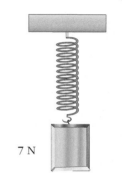

7 N

① 7 N, ↑   ② 7 N, ↓   ③ 14 N, ↑

④ 14 N, ↓   ⑤ 탄성력이 작용하지 않음

07 다음 그림과 같이 탄성체에 방향을 달리하여 힘을 작용하였다. 이때 손에 작용한 탄성력의 방향이 바르게 짝지어진 것은?

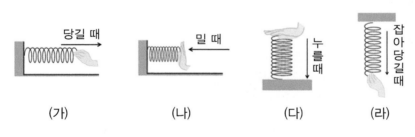

(가)   (나)   (다)   (라)

	(가)	(나)	(다)	(라)		(가)	(나)	(다)	(라)		(가)	(나)	(다)	(라)
①	→	→	↑	↑	②	→	←	↑	↓	③	←	←	↓	↓
④	←	→	↓	↑	⑤	←	→	↑	↑					

08 다음 중 탄성력과 관련된 설명으로 옳은 것은?

① 탄성을 가진 물체를 탄성체라고 한다.
② 탄성력은 탄성체에 작용한 힘의 크기보다 크다.
③ 탄성체가 많이 변형될수록 탄성력의 크기는 작아진다.
④ 탄성력의 방향은 탄성체에 작용한 힘의 방향과 같은 방향이다.
⑤ 모양을 변화시켰을 때 원래의 상태로 되돌아가려는 성질을 탄성력이라고 한다.

01 지구 온난화의 영향으로 점점 황사와 미세 먼지 주의보가 발효되는 날이 늘고 있다. 주의보가 내려진 날에는 가급적 실외 활동을 자제하라고 하지만 꼭 외출을 해야 한다면 마스크 착용을 권고하고 있다.

(1) 다음은 다양한 종류의 마스크들이다. 황사와 미세 먼지 주의보가 발효된 날 내가 쓰고 싶은 마스크를 골라보고 고른 이유에 대하여 설명해 보시오.

면혼방 패션 마스크

분진 방지 마스크

자외선 차단 마스크

정전 필터 사용 마스크

(2) 내가 고른 마스크에 기능을 추가하고 싶다면 어떤 기능을 추가하고 싶은지 그 이유와 함께 써 보시오.

02 다음 그림은 네덜란드의 건축가 얀야프 라이제나르스가 디자인한 '공중부양 침대' 모형이다. '공중부양 침대'는 자기장의 힘을 이용하여 침대가 실제로 공중에 떠있게 하는 것이 특징이다. 최대 900 kg까지 지탱할 수 있지만 좌우로 흔들리지 않도록 위치를 잡아주는 케이블로 바닥에 고정이 되어있기 때문에 완벽한 미래지향 설계라고는 할 수 없다.

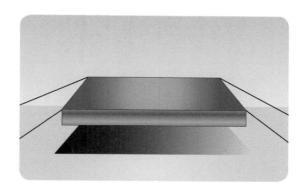

(1) '공중부양 침대'를 부양시킬 수 있는 힘은 무엇인가?

(2) 위의 침대와 같이 자동차를 공중부양시켜 보려고 한다. 이때 고려해야 할 요소들에 대하여 생각해 보고, 공중부양 자동차의 장점과 단점에 대하여 설명해 보시오.

03 다음 그림 (A)는 두 줄의 덩굴에 아무것도 매달려 있지 않았을 때이고, 그림 (B)는 몸무게가 같은 원숭이가 각각 매달렸더니 늘어난 길이가 달라진 모습을 나타낸 것이다.

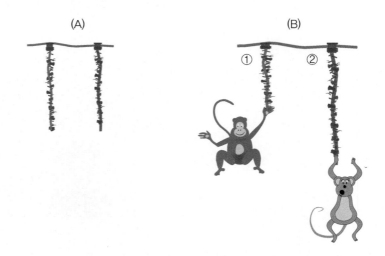

원숭이가 둘 다 줄에서 내려오자 두 덩굴은 다시 똑같은 길이로 돌아갔다. 원숭이들이 두 덩굴 ①과 ②를 이용하여 건너편으로 건너 가고자 한다. 이때 더 적은 개수의 덩굴을 이용하기 위해서는 ①과 ② 중 어떤 덩굴을 이용하면 좋을까? 그 이유를 설명해 보시오.

04 그림 (가)는 볼링화의 바닥을 나타낸 것으로 왼쪽과 오른쪽의 신발 바닥이 그림과 같이 한 면은 거칠고 한 면은 부드럽다고 한다. 그 이유를 그림 (나)의 볼링을 치는 사람의 모습을 참고하여 설명해 보시오.

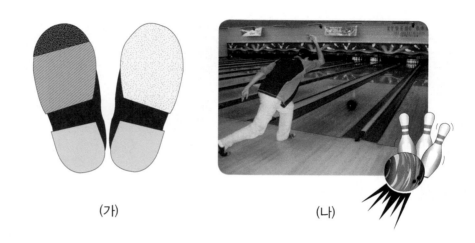

(가)　　　　　　　　　　　(나)

05 이번 단원에서 배운 힘들을 모두 이용하여 나의 하루를 담은 일기를 작성해 보시오.(단, 전기력, 자기력, 마찰력, 탄성력이라는 단어가 직접적으로 들어가지 않아도 좋다.)

01 전기력과 관련된 설명에는 '전', 자기력과 관련된 설명에는 '자'를 쓰시오.

(1) 전기를 띤 물체 사이에 작용하는 힘이다.

( )

(2) 자석과 쇠붙이 사이에 작용하는 힘이다.

( )

(3) 자기 부상 열차를 선로 위로 뜨게 하는 힘이다.

( )

02 마찰력에 대한 설명으로 옳은 것은 O표, 옳지 않은 것은 X표 하시오.

(1) 물체와 접촉면 사이에서 물체의 움직임을 방해하는 힘이다. ( )

(2) 접촉면이 거칠수록 작은 마찰력이 작용한다.

( )

(3) 무게가 가벼울수록 작은 마찰력이 작용한다.

( )

03 탄성력에 대한 설명으로 옳은 것은 O표, 옳지 않은 것은 X표 하시오.

(1) 탄성체를 변형시켰을 때 원래의 상태로 되돌아 가려는 힘이다. ( )

(2) 물체에 작용한 힘과 같은 방향이다. ( )

(3) 물체에 작용한 힘과 크기가 같다. ( )

04 다음 그림은 전기를 띤 쇠구슬 4개를 매단 모습이다. 구슬들이 그림과 같은 모습이 되었다면 같은 종류의 전기를 띤 쇠구슬을 모두 적어 보자.

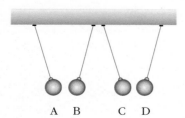

05 다음 중 자기력에 의해 나타나는 현상만을 〈보기〉에서 있는 대로 고르시오.

─── 〈 보기 〉───
ㄱ. 먼지 떨이에 먼지가 붙는다.
ㄴ. 냉장고 문에 병따개를 붙인다.
ㄷ. 자기부상열차가 선로 위에 뜬다.
ㄹ. 겨울철 털조끼를 벗을 때 머리가 달라 붙는다.

06 다음 그림은 같은 종류의 물체를 매끄러운 책상면 위에서 잡아당긴 것이다. 이때 마찰력의 크기에 따라 부등호를 넣으시오.

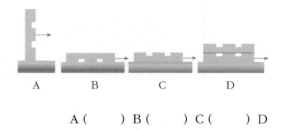

A ( ) B ( ) C ( ) D

07 다음 중 마찰력을 크게 하는 경우만를 있는 대로 고르시오.

─── 〈 보기 〉───
ㄱ. 겨울철 빙판길에 모래를 뿌린다.
ㄴ. 면장갑의 한쪽 면에 고무를 바른다.
ㄷ. 수영장 미끄럼틀에 물을 흘려 보낸다.
ㄹ. 축구 선수들이 스파이크 신발을 신는다.

08 다음 중 탄성력을 이용한 기구만를 있는 대로 고르시오.

─── 〈 보기 〉───
ㄱ. 자동차 스노우 체인   ㄴ. 컴퓨터 자판
ㄷ. 자전거 완충장치   ㄹ. 침대
ㅁ. 자기 부상 열차   ㅂ. 프린터

09 다음은 전기력과 자기력에 대한 설명이다. 〈보기〉에서 알맞은 말을 골라 순서대로 기호를 넣으시오.

──────〈 보기 〉──────
ㄱ. 인력   ㄴ. 척력   ㄷ. 커진다   ㄹ. 작아진다

전기력과 자기력은 같은 종류의 전기(극) 사이에는 (   ), 다른 종류의 전기(극) 사이에는 (   )이 작용한다. 또한 두 물체가 떨어져 있어도 힘이 작용하고, 두 물체(자석) 사이의 거리가 가까울수록 작용하는 힘이 (   ).

10 다음은 탄성력에 대한 설명이다. 〈보기〉에서 알맞은 말을 골라 순서대로 기호를 넣으시오.

──────〈 보기 〉──────
ㄱ. 같다   ㄴ. 다르다   ㄷ. 커진다
ㄹ. 작아진다   ㅁ. 반대이다

탄성력의 크기는 물체에 작용한 힘의 크기와 (   ). 또한 탄성체가 많이 변형될수록 탄성력의 크기가 (   ). 탄성력의 방향은 물체에 작용한 힘의 방향과 (   ).

11 다음 중 전기력에 의한 현상이 바르게 된 것은?

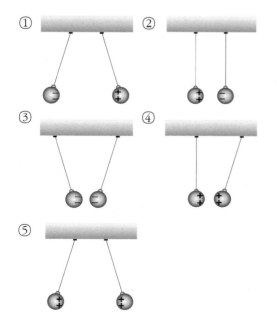

12 다음 그림은 마찰시킨 물체를 물줄기에 가까이 가져갔을 때 물줄기가 휜 모습이다. 이에 대한 설명으로 옳은 것은?

① 물줄기와 물체 사이에는 인력이 작용하고 있다.
② 물줄기와 물체는 같은 종류의 전기를 띠고 있다.
③ 물줄기와 물체 사이에는 자기력이 작용하고 있다.
④ 전자석 기중기로 물체를 들어올리는 것도 같은 원리이다.
⑤ 물체를 마찰시키지 않고 가까이 가져가도 물줄기는 휘어진다.

13 다음 그림은 자기 부상 열차이다. 자기 부상 열차를 선로에서 뜰 수 있도록 하는 힘에 대한 설명으로 옳지 <u>않은</u> 것은?

① 인력과 척력이 있다.
② 자석과 클립 사이에도 작용한다.
③ 두 자석 사이의 거리가 가까울수록 약해진다.
④ 두 자석이 떨어져 있을 때에도 힘이 작용한다.
⑤ 드라이버 끝에 나사가 붙는 것도 같은 원리이다.

14 다음 그림과 같이 자석 A를 매달고 다른 자석 B를 가까이 하였더니 자석 A가 자석 B쪽으로 끌려왔다. 이때 자석의 극이 바르게 짝지어진 것은?

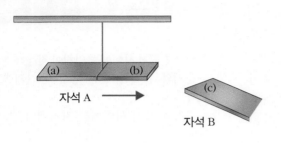

자석 A ➡

자석 B

	(a)	(b)	(c)		(a)	(b)	(c)
①	N	N	S	②	N	S	S
③	S	N	S	④	N	N	N
⑤	S	S	N				

15 다음 〈보기〉 중에서 전기력과 자기력의 공통점 만을 있는 대로 고른 것은?

〈 보기 〉
ㄱ. 인력과 척력이 있다.
ㄴ. 서로 접촉했을 때만 작용하는 힘이다.
ㄷ. 물체의 운동 방향과 반대 방향으로 힘이 작용한다.
ㄹ. 힘을 작용하는 두 물체 사이의 거리가 가까울수록 힘의 크기가 크다.

① ㄱ, ㄴ ② ㄱ, ㄷ ③ ㄱ, ㄹ
④ ㄱ, ㄴ, ㄷ ⑤ ㄴ, ㄷ, ㄹ

16 다음 그림은 물체가 면 위에 정지해 있거나 운동하고 있는 모습을 나타낸 것이다. 마찰력의 방향이 옳은 것은?

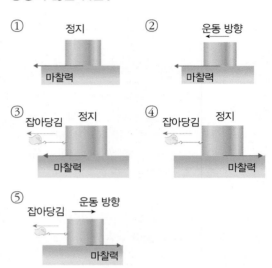

17 다음 그림과 같이 물체가 경사면에서 미끄러져서 내려오고 있다. 이때 물체에 작용한 마찰력의 방향은?

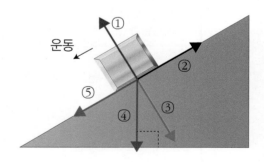

운동

18 다음 그림은 서로 다른 용수철에 질량이 다른 추를 매달 때 용수철의 늘어난 모습이다. 용수철의 탄성력이 가장 큰 것은?

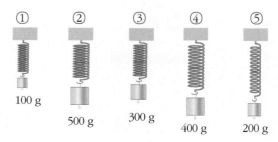

① 100 g ② 500 g ③ 300 g ④ 400 g ⑤ 200 g

19 다음 중 탄성력을 이용한 운동이 <u>아닌</u> 것은?

① 다이빙
② 배구
③ 스키
④ 양궁
⑤ 뜀틀

21 황사와 미세 먼지 주의보가 발효된 날에는 일반 면 마스크보다는 정전 필터 사용 마스크를 착용해야 한다고 권고하고 있다. 그 이유는 무엇일까 설명해 보시오.

20 다음 그림은 동일한 용수철에 무게가 다른 두 추를 매달은 모습이다. B의 경우는 3 N 무게의 추를 매달아서 3 cm가 늘어났으며, C의 경우에는 5 N 무게의 추를 매달아서 5 cm가 늘어났다. 이에 대한 설명으로 옳지 <u>않은</u> 것은?

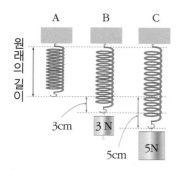

원래의 길이

A B C

3cm 3 N
5cm 5N

① B의 탄성력의 크기는 3 N이다.
② C의 탄성력의 크기는 5 N이다.
③ B의 탄성력의 크기가 C보다 작다.
④ B와 C에 작용한 탄성력의 방향은 서로 반대이다.
⑤ 동일한 용수철에 8 N의 추를 매달면 용수철은 8 cm가 늘어난다.

22 무거운 역기를 들어 올리는 역도 선수의 신발 바닥은 뒷굽이 단단한 나무로 되어 있다. 그 이유를 힘과 관련지어 설명해 보시오.

제 5의 힘?

우주에는 네 가지 힘이 있는 것으로 알려져 있다.

이 힘 때문에 물체는 서로 다가가거나 서로 밀어내게 된다.

즉, 네 가지 인력(引力)과 척력(斥力)이 있는 것이다. 이들 네 가지 힘이 없으면 물질이 있을 수가 없고, 별과 행성 그리고 우리도 있을 수가 없다. 우리가 배운 마찰력, 장력, 탄성력은 미시적으로 보면 전자기력의 일종이며 부력은 중력의 반작용이라 할 수 있고, 수직항력은 중력에 의해 나타나는 힘이라 할 수 있다.

네 가지 힘 중 가장 강한 힘은 '강한 핵력'으로 양성자(+전기를 띰) 두 개가 가까이 놓여 있을 때 잡아당기는 힘이다. 전자기력도 작용해서 서로 떨어지려고 하나(척력) '강한 핵력'이 전자기력의 백배가 넘으므로 양성자는 함께 모여 있다. 이것이 원자의 핵이다. '약한 핵력'은 그 이름대로 '강한 핵력'이나 '전자기력'보다 훨씬 약하다. '강한 핵력'은 '약한 핵력' 보다 1백조 배는 강한 힘이다.

중력은 지구 주위에 달을 묶어 주고 태양 주위에 행성을 묶어 주기도 한다. 그러므로 중력은 가장 세다고 생각할지 모르나 중력은 이들 네 가지 힘 중 가장 약하다. 그것도 아주 약하다. '강한 핵력'은 중력보다 1천의 억, 억, 억, 억 배 쯤 강하다. 그러나 '강한 핵력'과 '약한 핵력'은 힘이 미치는 거리가 매우 짧아서 원자핵 안에서만 통하지만 전자기력과 중력은 미치는 범위가 엄청나다. 거리가 멀어지면 힘의 세기가 아주 천천히 떨어지기 때문에 거리가 여러 광년(빛이 1년 동안 가는 거리)떨어져도 힘이 작용한다. 전자기력은 밀고 당기는 양쪽 방향의 힘을 동시에 지니고 있으나 중력은 오로지 끌어당기기만 한다.

중력은 물체의 물질의 양(질량)에 비례해서 커진다. 중력을 만들어 내는 질량을 '중력 질량' 이라고 한다. 중력과 중력 가속도를 정밀히 측정해서 '중력 질량' 을 구할 수 있다. 또 물질은 관성을 가지는데 이는 질량에 따라 커지기 때문에 관성력과 가속도를 정밀히 측정해서 '관성 질량' 을 구할 수 있다. Issac Newton이나 A. Einstein 은 '중력 질량과 관성 질량은 언제나 같다' 라고 가정했다.

Q1 중력은 힘 중에서 가장 약한 힘이지만 우주에 가장 크게 영향을 미치는 이유를 서술해 보시오.

1. 중력

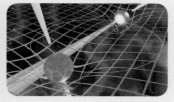

'중력'은 우리를 땅에 붙들어 둘 뿐만 아니라 조심하지 않으면 넘어지게도 한다.

2. 전자기력

'전자기력'은 원자와 분자가 서로 붙어 있게 붙들어 주고, 원자 안에서는 전자를 한가운데 있는 핵에 붙들어 매준다.

3. 강한 핵력

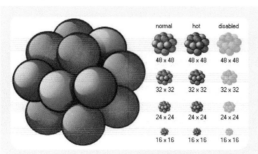

'강한 핵력' 은 원자 한가운데에 있는 원자핵이 뭉쳐 있도록 해준다.

4. 약한 핵력

'약한 핵력' 때문에 어떤 원자핵은 더 작은 원자핵으로 쪼개지면서 방사선을 내놓고, 이 때문에 태양이 빛을 낸다.

그러나 중력과 관성이라는 현상은 너무도 달라 보였으므로 1980년대 들어 과학자들이 정밀하게 이 둘을 측정하였는데 그들 중 몇몇은 관성 질량과 중력 질량이 서로 정확하게 똑같지는 않다고 생각하는 것 같다. 작디작은 차이가 있다는 것이다.

이런 작은 차이를 설명하는 한 가지 방법은 중력보다도 훨씬 더 약한 제 5의 힘을 가정해 보는 것이다. 이 힘은 미치는 범위가 아주 좁아서 1km 정도 밖에 되지 않고, 서로 밀어내기만 하는 힘이라고 가정하는 것이다. 또 이 힘은 물질의 종류에 따라 미치는 영향이 다르다고 가정해 보자.

이런 것들은 매우 생소한 이야기이다. 실험도 매우 미묘한 것일 것이다. 차이가 너무도 작아서 실험 결과를 믿을 수 있을지도 의문스럽다. 그렇지만 호기심 많은 과학자들이 연구에 박차를 가하고 있기 때문에 머지 않아 제 5의 힘이 있는지 없는지 그 결과를 분명히 알 수 있을 것이다.

제 5의 힘이 있기만 하다면 과학자들의 일은 매우 많아질 것이고 세상은 아주 흥미진진해 질 것이다.

– 「아이작 아시모프의 과학에세이」에서 발췌 –

Q2 우주에 존재하는 네 가지 힘 외에 자기가 만들고 싶은 '제 5의 힘' 을 만들어 보고, 그 힘이 어떤 힘인지 서술해 보시오.

[탐구-1] 마찰력 분석

준비물 나무 도막 2개, 용수철 저울, 사포

실험 과정

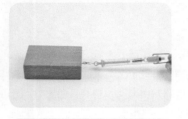

① 1개의 나무 도막을 그림처럼 넓은 면이 아래로 가게 하여 끌면서 저울의 눈금을 읽는다.

② 2개의 나무 도막을 그림처럼 두고 당기면서 저울의 눈금을 읽는다.

③ 거친 면 위에서 1개의 나무 도막으로 같은 실험을 한다.

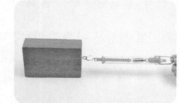

④ 1개의 나무 도막을 좁은 면을 아래로 가게 하여 끌면서 저울의 눈금을 읽는다.

탐구 결과

01 위 ①, ③, ④ 과정에서 용수철 저울의 눈금이 가장 크게 나올 것으로 예상되는 과정은? 그 이유를 적어 보시오.

02 전체 자료를 비교해서 마찰력을 설명해 보시오.

[탐구-2] 두 힘의 합성

준비물 용수철 저울 2개, 자(30cm), 고무줄, 압정 여러 개, 각도기, 펜(파란색, 빨간색), 모눈 종이

실험 과정

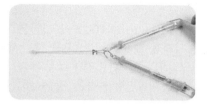

① 실험대 위에 모눈 종이를 깔고 한 곳에 압정을 꽂아 고무줄의 한 쪽을 압정에 걸고 다른 한 쪽에 연결된 두 가닥의 실에 용수철 저울 2개를 각각 연결한다.

② 용수철 저울 2개를 각각 다른 방향으로 잡아당겨 고무줄을 일정 길이만큼 늘어나게 한 다음 고무줄의 끝부분에 점을 찍어 P점으로 종이에 표시하고 각 용수철 저울의 실과 연결된 부분에 각각 점을 찍고 F_1, F_2라고 표시한 후 그 지점에 용수철 저울의 눈금을 기록한다.

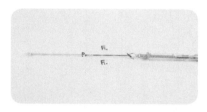

③ 실에 용수철 저울 1개를 걸고 그림과 같이 고무줄을 P점까지 늘린 다음 실로 연결된 부분에 점을 찍고 F라고 표시하고 용수철 저울의 눈금을 기록한다.

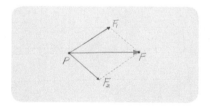

④ 각 힘들을 화살표로 그리되 1 N을 1 cm로 표시하고 P점에서 같이 시작되도록 그린 후, F_1, F_2, F의 끝을 선으로 이어 본다.

탐구 결과

01 ② 과정에서 각도기를 이용해서 두 용수철 저울의 사잇각을 120°로 한다면 ④ 과정의 결과는 어떻게 나타날까?

02 ② 과정에서 각도기를 이용해서 두 용수철 저울의 사잇각을 90°로 했을 때 두 용수철 저울의 눈금이 모두 5 N으로 나타났다면 ③ 과정에서 용수철 저울의 눈금은 얼마로 나타날까?

작용과 반작용의 법칙
(뉴턴 운동의 제 3법칙)

▲ 사과가 떨어지는 이유는 지구가 사과를 지구 중심 방향으로 잡아당기고 있기 때문이다.

뉴턴(I.newton :1642~1727)은 떨어지는 사과를 보고 만유인력을 생각해 냈다. 지구 위의 물체는 지구로부터 만유인력을 받는다. 만유인력은 지구상의 물체에게는 중력 또는 무게로 작용하여 지구 중심 방향을 향한다. 그렇다면 지구와 지구상의 물체 사이의 작용 반작용(상호 작용)이란 무엇일까? 지구상의 물체가 지구를 잡아당기기라도 하는 것일까? 정답은 '그렇다'이다. 지구가 지구상의 물체를 잡아당기는 것만큼 물체도 지구를 잡아당긴다.

▲ 지구상의 물체는 지구로부터 지구 중심 방향의 만유인력을 받고 있으며, 이것이 중력으로 나타난다.

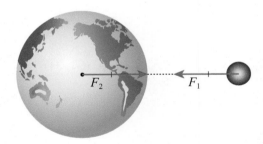

▲ 지구상의 물체가 지구로부터 힘을 받듯이(F_1) 지구도 물체로부터 인력(F_2)을 받게 된다(만유인력). 두 힘은 작용과 반작용의 관계에 있다.

Q1 떨어지는 사과에 작용하는 힘은 어떤 것들이 있을까? 떨어지는 사과가 받는 힘과 상호 작용(작용 반작용) 관계에 있는 힘은 무엇일지 서술해 보시오.

Q2 그림처럼 마찰이 없는 도르래에 질량 m의 물체를 매달아서 고정시켰다. 용수철 저울 A 는 왼쪽 벽에 고정되어 있고, 용수철 저울 B는 또 다른 질량 m의 물체에 고정되어 있다.

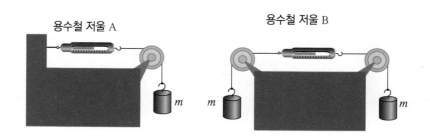

용수철 저울 A와 용수철 저울 B 의 눈금의 비는 어떻게 될지 물체 사이의 상호 작용 관점에서 서술해 보자.

Q3 그림처럼 빗방울이 중력을 받아 지표면에 떨어지고 있다. 빗방울은 아래 방향으로 힘을 받으므로 속력은 어느 정도까지 계속 증가한다.

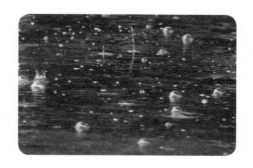

빗방울과 지구 사이에는 상호 작용(작용 반작용)하는 힘이 존재한다. 지구가 빗방울을 잡아당기는 힘과 빗방울이 지구를 잡아당기는 힘의 세기는 어느 것이 클지 서술해 보시오.

II

운동

높은 곳에서 작은 쇠구슬과 큰 쇠구슬을 동시에 낙하시키면 어느 것이 먼저 땅에 닿을까?

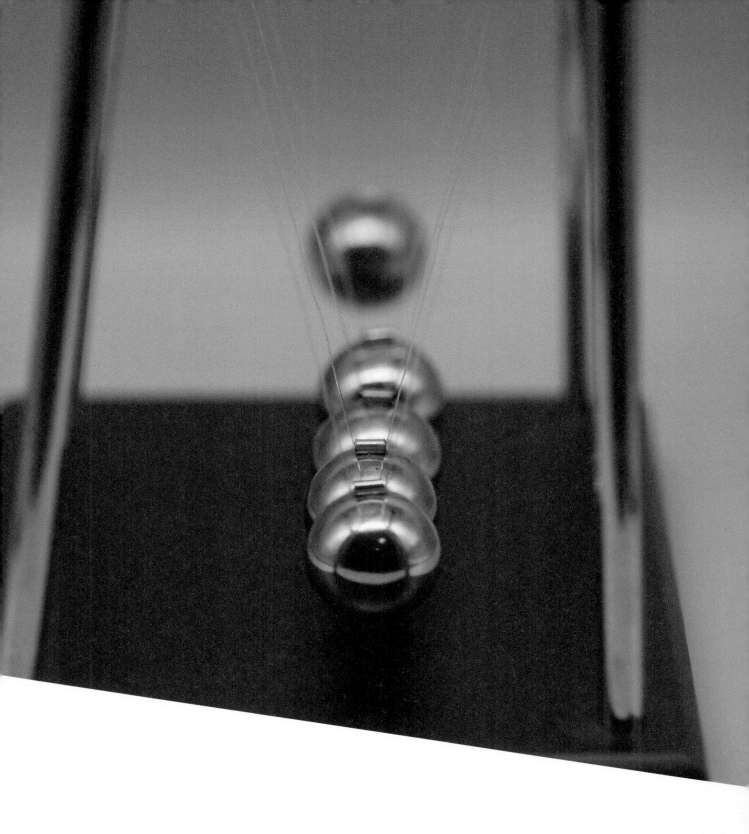

5강. 운동의 표현

1. 위치와 이동 거리

(1) 위치의 표현 : 기준점, 방향, 거리를 모두 표시해야 한다.

① 집을 기준점으로 하는 경우
- ·원은 서쪽으로 3 km에 있다.
- ·삼각형은 동쪽으로 3 km에 있다.

② 삼각형을 기준점으로 하는 경우
- ·원은 서쪽으로 6 km에 있다.
- ·집은 서쪽으로 3 km에 있다.

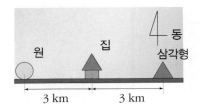

(2) 이동 거리의 측정 : 운동의 시작부터 끝까지 모든 이동 거리를 측정한다.

A에서 B까지 직선 운동한 후 B에서 C까지 직선 운동했을 때 이동거리는 다음과 같다.

① A부터 B까지의 이동 거리 = 3 km
② A부터 C까지의 이동 거리 = 8 km

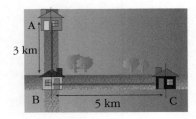

○ 간단실험

위치 설명해보기
① 다른 사람에게 주변에 있는 물체의 위치를 설명해 본다.
② 물체가 어디를 기준으로 어느 방향으로 얼마나 떨어져 있는지 정확하게 말해 본다.
③ 기준점, 방향, 거리를 표시하여 위치를 표현하는 이유를 생각해 본다.

● 생각해보기★

모르는 장소에서 친구와 만나기로 약속을 했을 때, 지도를 가지고 있다면 어떤 순서로 목적지를 찾아가야 할까?

 개념확인 1 오른쪽 그림은 집, 서점, 학교를 나타낸 것이다. 집의 위치는 어떻게 말할 수 있는가?

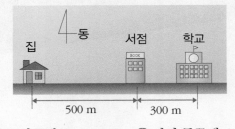

① 서점에서 500 m   ② 학교 서쪽에   ③ 서점 동쪽에
④ 학교에서 800 m   ⑤ 학교에서 서쪽으로 800 m

 확인 +1 시작점인 X 위치부터 깃발이 꽂혀 있는 지점까지의 거리는 5 m이다. X 점에서 출발하여 깃발까지 갔다가 다시 X 점으로 돌아올 때의 이동 거리는?

① 2 m   ② 3 m   ③ 5 m   ④ 10 m   ⑤ 15 m

2. 평균 속력

(1) 속력 : 물체가 이동하는 빠르기이다.

① 구하는 법 : 이동 거리를 시간으로 나누어 구한다.
② 단위 : m/s, km/h 등
③ 속력의 비교 : 숫자가 클수록 빠르다.

$$속력 = \frac{이동\ 거리}{걸린\ 시간}$$

(2) 평균 속력 : 운동 구간의 평균적인 속력이다.

① 구하는 법 : 전체 이동 거리를 전체 시간으로 나누어 구한다.
② 운동 중 속력 변화에 관계없이 전체 이동 거리와 시간만 생각한다.

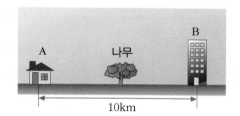

$$평균\ 속력 = \frac{전체\ 이동\ 거리}{전체\ 걸린\ 시간}$$

· A부터 B까지 가는 동안 1시간이 걸린 경우 평균 속력 : 10 km/h
· A부터 나무까지 가는 데 30분, 나무 밑에 앉아 쉬는 시간 30분, 나무부터 B까지 가는 데 1시간이 걸린 경우 A부터 B까지 가는 동안의 평균 속력 : 5 km/h

● 속력의 단위
·1 m/s : 1초에 1미터를 가는 속력
·1 km/h : 1시간에 1킬로미터를 가는 속력
·1 km/h = $\frac{1000m}{3600s}$ = 약 0.28 m/s

정답 및 해설 **16** 쪽

● 생각해보기 ★★
토끼와 거북이 동화에서 평균 속력이 빠른 것은 누구인가?

 학교에서 집까지 1.2 km의 거리를 4분 동안 자전거를 타고 갈 경우 자전거의 평균 속력은 얼마인가?

① 2 m/s   ② 3 m/s   ③ 4 m/s   ④ 5 m/s   ⑤ 6 m/s

 다음 중 속력이 가장 느린 물체는?
① 1초에 5 m를 날아가는 파리
② 200초에 100 m를 날아가는 새
③ 3초에 60 m를 날아가는 야구공
④ 25초에 200 m를 달리는 육상선수
⑤ 10초에 100 m를 달리는 고속버스

3. 가속도

(1) 가속도 : 물체에 힘이 작용하여 시간에 따라 속력이나 방향이 변하는 것이다.

▲ 속력이 증가하고 있는 공 (다중 섬광 사진)

(2) 가속도 운동의 특징 : 속력 또는 방향이 변하거나 둘 모두 변화하는 운동

(3) 가속도 운동의 예

낙하하는 물체	위로 던진 물체	대관람차
속력이 변하는 운동	속력과 방향이 변하는 운동	방향이 변하는 운동

○ **간단실험**

가속도 운동 보여주기

① 물건을 떨어뜨려 낙하하는 물체의 운동이 가속도 운동임을 보여준다.
② 실에 지우개를 묶어 같은 속력으로 돌리면서 가속도 운동임을 보여준다.
③ 각각의 가속도 운동은 속력과 방향 중 어떤 것이 변하는 운동인지 생각해 본다.

● **다중 섬광 장치**

암실에서 물체를 운동시키고 일정한 시간간격으로 플래시를 터트리면서 연속 촬영하는 장치이다. 물체의 속력에 따라 물체 사진 사이의 거리가 늘어나거나 줄어든다.

▲ 낙하 운동하는 물체의 다중 섬광 사진

● **등속 원운동**

운동의 중심 방향으로 구심력이라는 힘이 작용하는 운동이다. 속력이 일정하고 물체의 운동 방향만 계속 변화하는 운동이다.

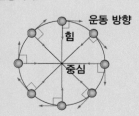

● **생각해보기**★★★

우리 주변에서 운동하는 물체의 속력이 변하는 경우를 어디에서 볼 수 있을까?

 개념확인 3 다음 중 속력은 변하지 않고 운동 방향만 변하는 운동으로 묶인 것은?

① 그네, 바이킹
② 대관람차, 바이킹
③ 대관람차, 회전목마
④ 에스컬레이터, 무빙워크
⑤ 비스듬하게 위로 던진 농구공, 비스듬히 차올린 축구공

확인 +3 속력은 일정하면서 운동 방향이 계속 바뀌는 운동의 예로 옳은 것은?

① 착륙하는 비행기의 운동
② 위로 던져 올린 농구공의 운동
③ 낙하하는 스카이다이버의 운동
④ 미끄러져 내려오는 눈썰매의 운동
⑤ 놀이동산에 있는 회전목마의 운동

4. 시간 기록계

(1) **시간 기록계** : 일정한 시간 간격으로 타점을 찍어 타점 사이의 거리를 측정하여 속력을 계산하는 데 이용하는 장치이다.

(2) **시간 기록계 해석** : 타점 수로 시간을 알 수 있다.

① 타점 계산

· 60 Hz의 시간 기록계 : 1초에 60타점을 찍는다. ➡ 1타점 찍는 데 $\frac{1}{60}$초

· 50 Hz의 시간 기록계 : 1초에 50타점을 찍는다. ➡ 1타점 찍는 데 $\frac{1}{50}$초

② 시간 기록계에서 속력의 크기 (60 Hz 시간 기록계일 때)

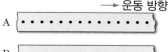

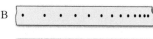

6타점 = $\frac{1}{10}$ 초

2타점 = $\frac{1}{30}$ 초

> 같은 거리를 가는데 시간이 적게 걸릴 수록 속력이 더 빠르다.

③ 여러 가지 운동 비교

→ 운동 방향

A 　　　　　　　　　　 속력이 일정하다.

B 　　　　　　　　　　 속력이 빨라진다.

C 　　　　　　　　　　 속력이 느려진다.

정답 및 해설 16 쪽

개념확인 4

그림은 어떤 물체의 운동을 시간 기록계로 기록한 것이다. 그림과 같이 점 7개 사이의 거리가 20 cm였다면 물체의 속력은 얼마인가? (단, 운동을 기록한 시간 기록계는 1초 동안 60타점을 찍는다고 한다. 단위를 정확히 쓰시오.)

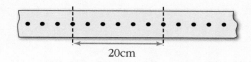

20cm

확인 + 4

1초에 60타점씩 찍는 시간 기록계로 어떤 물체의 운동을 기록하였더니 종이 테이프에 찍힌 타점이 그림과 같았다. AB 구간의 간격이 3 cm이었을 때 이 물체의 속력은 얼마인가?

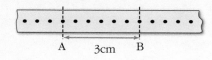

A 　　3cm　　 B

① 20 cm/s 　　　　　　② 30 cm/s 　　　　　　③ 40 cm/s
④ 50 cm/s 　　　　　　⑤ 60 cm/s

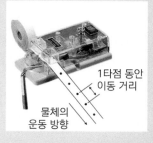
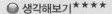

01 다음 그림처럼 A를 출발하여 B를 거쳐 C까지 가는 동안 이동 거리는 몇 km인가?

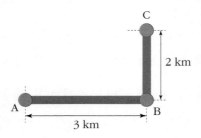

① 2 km   ② 3 km   ③ 4 km
④ 5 km   ⑤ 6 km

02 1분 동안 600 m를 이동하는 물체의 속력은 몇 m/s인가?

① 10 m/s   ② 20 m/s   ③ 30 m/s
④ 100 m/s   ⑤ 600 m/s

03 서점은 집에서 동쪽으로 500 m 지점에 있고, 학교에서 서쪽으로 700 m 지점에 있다. 학교를 마치고 서점까지 4분이 걸렸고, 서점에서 집까지 6분이 걸렸다면 평균 속력은?

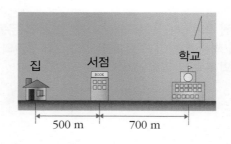

① 1 m/s   ② 2 m/s   ③ 3 m/s
④ 4 m/s   ⑤ 5 m/s

04 다음 놀이 기구 중 속력이 일정하게 운행되는 것으로 옳은 것은?

① 롤러코스터   ② 회전목마   ③ 드롭타워
④ 번지점프   ⑤ 바이킹

05 그림은 1초에 50타점을 찍는 시간 기록계를 이용하여 장난감 자동차의 운동을 기록한 종이 테이프이다. 이 장난감 자동차의 속력은?

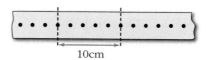

10cm

① 1 m/s   ② 1 cm/s   ③ 10 m/s
④ 10 cm/s   ⑤ 0.1 cm/s

06 다음은 1초 동안 60타점이 찍히는 시간 기록계로 어떤 물체의 운동을 기록한 것이다.

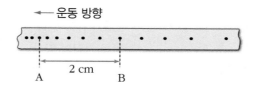

← 운동 방향

2 cm

A   B

위 물체의 운동에 대한 설명으로 옳지 <u>않은</u> 것은?

① 속력이 변하는 운동이다.
② A에서 B까지 0.1초 걸렸다.
③ A점이 B점보다 먼저 찍힌 것이다.
④ A에서 B까지 평균 속력은 0.2 m/s이다.
⑤ 위로 던져 올린 물체의 운동과 같은 운동을 한다.

[유형 5-1] **위치와 이동 거리**

다음 그림과 같이 거리가 떨어진 A, B, C 마을이 있다. 각 마을을 찾아갈 수 있도록 위치를 설명한 것 중 정확하지 <u>않은</u> 것은?

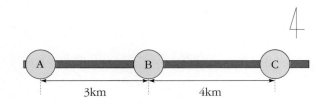

① C 마을 : B 마을의 동쪽으로 4 km 떨어져 있다.
② B 마을 : A 마을을 기준으로 3 km 동쪽에 있다.
③ B 마을 : A 마을로부터 3 km 떨어진 곳에 있다.
④ A 마을 : C 마을에서 서쪽으로 7 km 가면 있다.
⑤ A 마을 : B 마을로부터 서쪽으로 3 km 떨어진 곳에 있다.

Tip!

01 오른쪽 그림처럼 마을에 길이 나 있다. 이 마을에 있는 상점들을 각각 A, B, C, D 라고 할 때, 다음 설명 중 옳지 <u>않은</u> 것은?

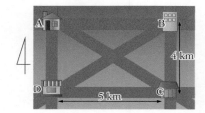

① C는 B에서 남쪽으로 4 km에 있다.
② A는 D의 북쪽 4 km, B의 서쪽 5 km에 있다.
③ B에서 C를 거쳐 D로 가는 이동 거리는 9 km이다.
④ A에서 B, C, D를 거쳐 다시 돌아오면 이동 거리는 18 km이다.
⑤ A에서 B를 거쳐 C까지 가는 이동 거리는 A에서 C까지 가로질러 가는 이동 거리와 같다.

02 공원을 산책하는 사람이 처음 200 m는 달려가고, 그 다음 300 m는 걸어간 뒤, 공원에서 자전거를 빌려 둘레가 1 km인 호수를 돌았다. 이 사람의 이동 거리는 몇 m인가?

① 100 m   ② 200 m   ③ 300 m
④ 500 m   ⑤ 1500 m

정답 및 해설 **18** 쪽

[유형 5-2] 평균 속력

그림과 같이 집에서 $3\ km$ 떨어진 빵집으로 빵을 사러 갈 때는 30분이 걸렸고, 집으로 돌아올 때는 한 시간이 걸렸다. 집에서부터 빵을 사서 돌아올 때까지의 평균 속력은?

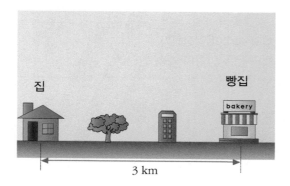

① 2 km/h   ② 4 km/h   ③ 6 km/h
④ 8 km/h   ⑤ 10 km/h

03 학교에서 $500\ m$ 떨어진 문구점까지 가는데 처음 $200\ m$를 100초 동안에 간 후, 그 자리에서 200초를 쉬고 출발하여 나머지 거리를 200초 동안 갔다면 학교에서 문구점까지 가는 동안의 평균 속력은 얼마인가?

① 1 m/s   ② 1.5 m/s   ③ 3 m/s
④ 4.5 m/s   ⑤ 5 m/s

Tip!

04 $8\ km$ 떨어진 할머니 댁까지 심부름을 갈 때는 자전거를 타고 갔더니 1시간 30분이 걸렸고, 올 때는 자전거를 잃어버려서 걸어 왔더니 2시간 30분이 걸렸다. 심부름을 다녀오는 동안의 평균 속력은?

① 1 km/h   ② 2 km/h   ③ 3 km/h
④ 4 km/h   ⑤ 5 km/h

[유형 5-3] 가속도

다음과 같은 운동을 하는 물체의 예로 옳은 것은?

· 물체의 속력이 일정하다.
· 물체의 운동 방향이 계속 변한다.

① 그네의 운동
② 무빙워크의 운동
③ 선풍기 날개의 운동
④ 수평으로 던진 공의 운동
⑤ 나무에서 떨어지는 사과의 운동

Tip!

05 다음 중 가속도 운동에 해당하는 운동이 <u>아닌</u> 것은?

① 속력이 느려지는 운동이다.
② 운동 방향이 바뀌는 운동이다.
③ 방향 또는 속력이 바뀌는 운동이다.
④ 속력과 방향을 유지하는 운동이다.
⑤ 같은 속력으로 회전하는 운동이다.

06 물체가 가속도 운동을 하는 경우에 대한 설명이다. 괄호 안에 알맞은 말을 써 넣으시오.

물체의 운동 방향 또는 (   ) 이(가) 바뀌는 것, 혹은 둘 다 바뀌는 운동을 말한다.

[유형 5-4] 시간 기록계

시간 기록계로 물체 A, B의 운동을 기록한 종이 테이프를 나타낸 것이다. 다음 중 이에 대한 설명으로 옳은 것을 〈보기〉에서 모두 고른 것은?

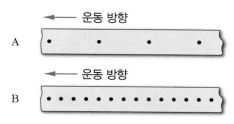

〈 보기 〉

ㄱ. 물체 A는 속력이 일정한 운동이다.
ㄴ. 물체 B의 속력이 물체 A보다 빠르다.
ㄷ. 물체 B는 속력이 증가하는 운동이다.
ㄹ. 물체 B의 운동 시간이 2배, 3배, 4배가 되면 이동 거리도 2배, 3배, 4배가 된다.

① ㄱ, ㄴ　　　　② ㄱ, ㄷ　　　　③ ㄱ, ㄹ
④ ㄴ, ㄷ　　　　⑤ ㄱ, ㄴ, ㄹ

07 1초 동안에 60개의 타점을 찍는 시간 기록계로 일정한 속력으로 움직이는 수레의 운동을 기록하였더니 종이 테이프의 타점이 다음 그림과 같았다. 이 수레의 속력은 몇 m/s 인가?

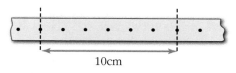

10cm

① 0.6 m/s　　② 0.8 m/s　　③ 1.0 m/s
④ 1.2 m/s　　⑤ 1.5 m/s

Tip!

08 여러 물체의 운동을 같은 시간 기록계로 기록하여 얻은 종이 테이프이다. 다음 중 일정한 속력을 유지하면서 가장 빠르게 운동한 것은?

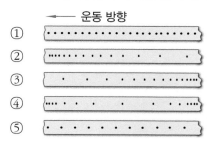

01 다음 그림은 육상 경기를 하는 트랙이다. 가장 안쪽의 1번 레인은 한 바퀴에 400 m 이고, 1번부터 5번까지 각각 한 명씩 서서 달리기 시합을 하려고 한다.

출발점
결승점

(1) 출발점과 결승점이 모두 일직선 상에 있을 때 이 경기는 공정한지 이유를 들어 설명해 보시오.

(2) 경기를 공정하게 하려면 어떤 방법을 써야 하는지 설명해 보시오.

02 남자 체조의 한 종목인 철봉은 흔히 남자 체조 경기의 꽃이라고 불리우는데 잡기, 매달리기, 돌기 등의 여러 운동을 할 수 있는 기구이다. 다음 그림은 철봉 선수가 두 팔로 철봉에 매달린 채로 360도를 도는 기술을 같은 시간 간격으로 기록한 것이다.

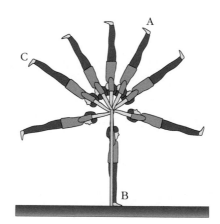

이 선수가 가장 빨리 운동하고 있는 순간은 A, B, C 위치 중 어디이며 그렇게 생각한 이유는 무엇인가?

03 아주 높은 산 위에 올라가서 공을 수평 방향으로 던지면 아래로 떨어진다. 조금 더
세게 공을 던지면 조금 더 멀리 날아가다 떨어진다.

(1) 공을 던졌을 때 아래로 던지지도 않았는데 땅으로 떨어지는 이유는 무엇일까?

(2) 던진 공이 땅에 떨어지지 않고 계속 날아간다면 공의 움직임은 어떻게 될 것인지 예
상하여 설명해 보시오.

04 자동차의 과속으로 인한 사고를 방지하기 위해 도로에 다음과 같은 표지판을 두어 속력을 제한하고 있다.

집에서 출발하여 두 시간 동안 운전을 하던 중 단속 중인 교통 경찰에게 잡혔다. 집에서부터 경찰에게 잡히는 순간까지의 이동 거리는 총 140 km였고, 표지판에는 '80' 이라고 표기되어 있었다.

(1) 집에서부터 경찰에게 잡힐 때까지의 평균 속력은 얼마인가?

(2) 범칙금을 내야 할지, 내지 않아도 될지에 대해 이유를 들어 설명해 보시오.

01 그림과 같이 동서로 곧게 뻗은 도로 위에 사람, 나무, 자동차가 위치해 있다. 다음 중 각각의 위치를 말한 것 중 옳은 것은 O표, 옳지 않은 것은 X표 하시오.

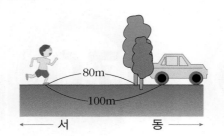

(1) 나무는 사람의 동쪽 80m에 있다. (　　)

(2) 자동차는 나무로부터 서쪽으로 20m 되는 지점에 있다. (　　)

02 어떤 물체가 그림과 같이 A→B→C 경로를 따라 직선상으로 이동하였다. A에서 출발하여 C에 도달하였을 때 이동 거리는 몇 m인가?

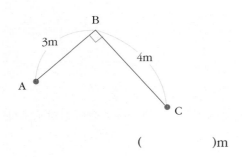

(　　　　)m

03 72 km/h는 몇 m/s에 해당하는가?

(　　　　)m/s

04 36 km를 1시간에 달리는 자전거의 평균 속력은 몇 m/s인가?

(　　　　)m/s

05 다음 중 속력은 일정하면서 운동 방향이 계속 바뀌는 운동에 해당하는 것은 O표, 그렇지 않은 것은 X표 하시오.

(1) 놀이동산에 있는 회전목마의 운동 (　　)

(2) 낙하하는 스카이다이버의 운동 (　　)

(3) 내려오는 에스컬레이터의 운동 (　　)

06 다음은 등속 원운동에 대한 설명이다. 빈칸에 들어갈 알맞은 말을 써 넣으시오.

> 등속 원운동은 물체의 ㉠ (　　　)은 일정하고,
> ㉡ (　　　)이 계속 바뀌는 운동이다.

07 다음의 운동 중 가속도 운동에 해당하는 것에 O표, 가속도 운동이 아닌 것에 X표 하시오.

(1) 물체의 속력이 점점 느려진다. (　　)

(2) 물체의 속력과 방향이 일정하다. (　　)

(3) 물체의 속력이 빨라지다가 느려진다.(　　)

08 시간 기록계로 직선 운동하는 물체의 운동을 기록하였더니 다음 그림과 같았다. 이 물체의 운동에 대한 설명 중 옳은 것은 O표, 옳지 않은 것은 X표 하시오.

← 운동 방향

(1) 가장 왼쪽에 찍힌 타점이 가장 먼저 찍힌 타점이다. ( )

(2) 물체의 속력이 감소하고 있다. ( )

(3) 출발 중에 있는 자동차는 위에서 나타낸 것과 같은 운동을 한다. ( )

09 어떤 물체의 운동을 시간 기록계로 기록하였더니 다음과 같았다. 이와 같은 운동을 하는 경우에 해당하는 것은 O표, 해당하지 않는 것은 X표 하시오.

운동 방향→

(1) 무빙워크의 운동 ( )

(2) 빗면을 굴러 내려가는 수레의 운동 ( )

(3) 브레이크를 밟은 자동차의 운동 ( )

10 다음과 같이 굴러가는 공을 1초에 한 번씩 촬영하여 나타낸 그림에 대해 설명한 것으로 옳은 것은 O표, 옳지 않은 것은 X표 하시오.

5 초 4 초 3 초 2 초 1 초

8m

(1) 공의 운동 방향은 오른쪽이다. ( )

(2) 공의 속력과 운동 방향이 변하였다. ( )

11 길을 걷다가 우체국의 위치를 물어보는 사람을 만났다. 다음 중 우체국의 위치를 가장 정확하게 설명한 것은?

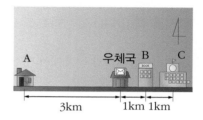

① A 건물로부터 동쪽에 있다.
② A 건물과 C 건물 사이에 있다.
③ C 건물에서 서쪽으로 2 km 떨어져 있다.
④ B 건물의 서쪽으로 가다 보면 나온다.
⑤ B 건물로부터 1 km 떨어진 지점에 있다.

12 다음은 A, B, C 세 사람이 일렬로 서서 각자의 위치를 말한 내용이다. 정확한 위치를 파악하기 위하여 각각의 사람이 더 말해야 할 요소는 무엇인지 올바르게 나타낸 것은?

A : 나는 B의 오른쪽에 있어.
B : 나는 A로부터 2 m 떨어진 곳에 있어.
C : 나는 B보다 오른쪽으로 5 m 떨어져 있어.

① A - 기준점
② A - 방향
③ B - 거리
④ B - 방향
⑤ C - 기준점

13 다음 중 속력이 가장 빠른 경우는?

① 1일에 48,000 km를 도는 지구
② 100 m를 10초에 완주하는 사람
③ 1시간에 120 km를 달리는 자동차
④ 거리 42.195 km인 마라톤을 3시간에 완주하는 사람
⑤ 거리 500 km인 서울에서 부산까지를 2시간 만에 운행하는 기차

15 공중 전화 박스에서 통화를 하다가 화장실이 급해서 100 m 떨어진 화장실까지 갈 때는 30초가 걸렸고, 화장실에 2분을 머물렀다가 볼일을 마치고 공중 전화 박스로 돌아오는 데는 50초가 걸렸다. 화장실을 다녀오는 동안의 평균 속력은?

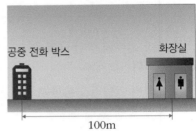

① 1 m/s　　② 2 m/s　　③ 3 m/s
④ 4 m/s　　⑤ 5 m/s

16 서울에서 부산까지 승용차를 타고 갈 때 대전, 대구를 거쳐서 가려고 한다. 이때 서울에서 대전까지의 거리가 150 km인데 3시간이 걸렸고, 대전에서 대구까지의 거리는 150 km인데 2시간이 걸렸고, 대구에서 부산까지의 거리는 150 km인데 길이 밀려서 4시간이 걸렸다면 서울에서 부산까지의 평균 속력은 얼마인가?

① 40 km/h　　② 50 km/h　　③ 60 km/h
④ 70 km/h　　⑤ 80 km/h

14 길이가 50 m인 고속 기차가 길이 450 m인 터널을 100 m/s의 평균 속력으로 통과한다고 가정할 때, 기차가 터널을 완전히 통과하는 데 걸리는 시간은?

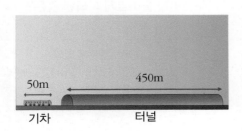

① 2초　　② 4초　　③ 4.5초
④ 5초　　⑤ 9초

17 그림은 운동하는 장난감 자동차의 위치를 1초 간격으로 나타낸 그림이다. 이 장난감 자동차의 운동 속력은?

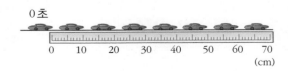

① 0.2 m/s　　② 0.5 m/s　　③ 0.1 m/s
④ 1.5 m/s　　⑤ 2.0 m/s

18 다음 중 운동하는 물체의 속력이 바뀌는 것은?

①

②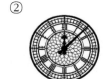

③

④

⑤

20 다음은 1초에 60타점이 찍히는 시간 기록계로 수레의 운동을 기록한 것이다. 이에 대한 설명으로 옳은 것은?

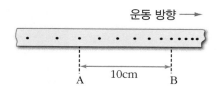

① 1 타점 찍는데 0.1초가 걸린다.
② AB 구간의 평균 속력은 1 m/s이다.
③ 속력이 일정하게 감소하는 운동이다.
④ 타점 사이의 간격이 좁을수록 속력은 빠르다.
⑤ A~B 구간 동안 타점이 찍히는 데 $\frac{1}{60}$초가 걸린다.

창의력 서술

21 높은 산 위에서 지표면으로 떨어지지 않도록 공을 던질 수 있을까? 각자의 의견을 서술하시오.

19 다음 그림은 1초에 60타점을 찍는 시간 기록계로 수레의 운동을 기록한 종이 테이프를 나타낸 것이다. 수레의 운동에 대한 설명으로 옳은 것만을 〈보기〉에서 있는 대로 고른 것은?

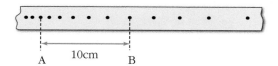

〈 보기 〉

ㄱ. 속력이 점점 느려지는 운동이다.
ㄴ. AB 구간에서 수레의 평균 속력은 100cm/s이다.
ㄷ. AB 구간의 타점이 찍히는 데 걸리는 시간은 0.6초이다.

① ㄱ   ② ㄴ   ③ ㄱ, ㄴ
④ ㄴ, ㄷ   ⑤ ㄱ, ㄴ, ㄷ

22 일정한 시간 간격으로 물체의 운동을 사진으로 찍어 기록하는 경우에 물체의 빠르고 느림은 어떻게 알 수 있는지 서술하시오.

6강. 운동의 분석

1. 등속도 운동 1

(1) 등속도 운동 : 일정한 속력으로 운동을 하며, 직선 운동이므로 운동 방향도 변하지 않는 운동이다.

| 에스컬레이터 | 무빙워크 | 곤돌라 | 컨베이어 벨트 |

(2) 등속도 운동의 분석

시간 기록계	다중 섬광 사진
운동 방향 ──→ ── A ── B ── C ── D ──	운동 방향 ──→ 0 10 20 30 40 A B C D E
시간 기록계의 타점 간격인 A, B, C, D의 간격이 일정하다. 물체는 오른쪽으로 운동하며, 오른쪽 타점일수록 먼저 찍힌 타점이다.	먼저 찍힌 A와 나중에 찍힌 E 사이의 tj섬광 사진 간격이 일정하다. 물체는 오른쪽으로 운동한다.

등속 운동

속력이 일정한 운동이다. 등속도 운동은 속력과 방향이 일정한 운동이고, 등속 원운동은 속력은 일정하지만 방향이 계속 변한다.

▲ 대관람차 : 등속 원운동

▲ 시계 바늘 : 등속 원운동

▲ 인공위성 : 등속 원운동

생각해보기 ★

기계적인 힘을 이용하여 등속도 운동을 하는 경우는 주위에서 찾아볼 수 있다. 기계적인 힘을 이용하지 않고 등속도 운동하는 것에는 어떤 것이 있을까?

개념확인 1

등속도 운동에 대한 설명으로 옳은 것은 O표, 옳지 않은 것은 X표 하시오.

(1) 속력만 일정한 운동이다. ( )

(2) 회전목마가 회전할 때 등속도 운동을 한다. ( )

(3) 우주 공간에서 엔진을 끈 우주선은 등속도 운동을 한다. ( )

(4) 시간 기록계의 종이 테이프에 찍힌 타점 간격이 일정하다. ( )

확인 +1

다음은 KTX의 시간대 별로 이동한 거리를 표로 나타낸 것이다. 이에 대한 설명으로 옳지 <u>않은</u> 것은?

시간(h)	0.5	1	1.5	2
이동 거리(km)	150	300	450	600

① KTX의 평균 속력은 300 km/h이다.

② KTX는 등가속도 운동을 하고 있다.

③ KTX가 1시간에 300km씩 이동하고 있다.

④ KTX의 이동 거리는 일정하게 증가하고 있다.

⑤ KTX가 같은 속력으로 계속 이동한다면 출발 후 3시간이 지난 후에는 이동 거리가 900km가 된다.

2. 등속도 운동 2

(1) 등속도 운동의 표현

① 속력 - 시간 그래프

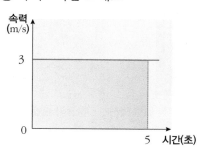

· 속력이 일정 (기울기 = 0)
· 그래프 아래 부분의 넓이
 = 3m/s × 5초 = 15m
 = 이동 거리

② 이동 거리 - 시간 그래프

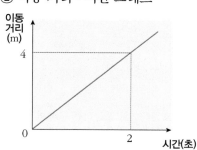

· 이동 거리는 시간에 비례
· 그래프의 기울기 = $\dfrac{\text{이동 거리}}{\text{시간}}$
 = $\dfrac{4}{2}$ = 2 m/초 = 속력
· 기울기 일정 → 속력 일정

정답 및 해설 **21** 쪽

 오른쪽 그래프를 보고 다음 물음에 답하시오.

(1) 그림은 무슨 운동을 나타내는가?
( )

(2) 그래프의 기울기는 얼마인가?
( )

(3) 그림과 같이 운동하는 물체의 속력은 얼마인가? ( )

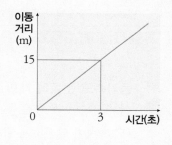

 다음 그래프에서 물체가 5초 동안 등속도 운동을 한 거리는 몇 m인가?

① 15 m ② 20 m ③ 25 m
④ 30 m ⑤ 35 m

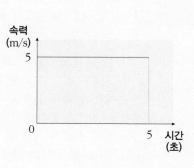

● 속력-시간 그래프 분석
· 속력의 비교 : A > B
· A와 B의 이동 거리 차이
 = 그래프 아래 부분의 넓이
  의 차이

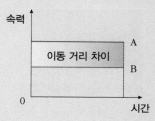

● 기울기
그래프에서 기울기는 가로축 변화량에 대한 세로축 변화량의 비를 의미한다.

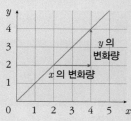

기울기 = $\dfrac{y\text{의 변화량}}{x\text{의 변화량}}$

= $\dfrac{2}{2}$ = 1

● 이동 거리-시간 그래프 분석
· 그래프의 기울기가 클수록 속력이 빠르다.

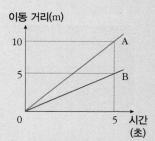

· A의 속력 = 2 m/초
· B의 속력 = 1 m/초
· A의 속력 > B의 속력

미니사전

비례 [比 견주다 例 법식]
어떤 두 수에 있어 한 쪽이 2배, 3배, … 로 되면, 다른 한 쪽도 2배, 3배로 되는 일

간단실험

빗면에 공을 굴려서 등가속도 운동 관찰하기

① 빗면 위에서 공을 굴려 본다.
② 빗면 위로 굴러 내려오는 공의 빠르기 변화를 관찰해 본다.

[관찰 결과] 공의 속력은 일정하게 빨라진다.

(1) 등가속도 운동 : 속력이 일정하게 변하는 운동 → 가속도가 일정한 운동

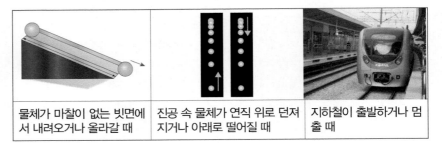

물체가 마찰이 없는 빗면에서 내려오거나 올라갈 때	진공 속 물체가 연직 위로 던져지거나 아래로 떨어질 때	지하철이 출발하거나 멈출 때

(2) 등가속도 운동의 분석

빗면 운동의 다중 섬광 사진

▲ 빗면 아래로 향하는 운동

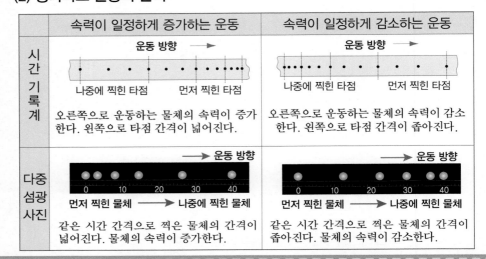

	속력이 일정하게 증가하는 운동	속력이 일정하게 감소하는 운동
시간기록계	오른쪽으로 운동하는 물체의 속력이 증가한다. 왼쪽으로 타점 간격이 넓어진다.	오른쪽으로 운동하는 물체의 속력이 감소한다. 왼쪽으로 타점 간격이 좁아진다.
다중섬광사진	같은 시간 간격으로 찍은 물체의 간격이 넓어진다. 물체의 속력이 증가한다.	같은 시간 간격으로 찍은 물체의 간격이 좁아진다. 물체의 속력이 감소한다.

생각해보기 ★★

진공 속에서 깃털을 떨어뜨리면 깃털은 등가속도 운동을 할까?

개념확인 3

등가속도 운동에 대한 설명으로 옳은 것은 O표, 옳지 않은 것은 X표 하시오.

(1) 속력이 일정하게 변하는 운동이다. ( )
(2) 속력이 일정하게 감소하는 운동은 등가속도 운동이 아니다. ( )
(3) 번지 점프대에서 떨어지는 사람의 운동은 등가속도 운동이다. ( )

확인 +3

다음은 낙하하는 물체의 시간에 따른 위치 변화량을 표로 나타낸 것이다. 이에 대한 설명으로 옳은 것은?

시간(s)	0 ~ 0.1	0.1 ~ 0.2	0.2 ~ 0.3	0.3 ~ 0.4
위치 변화량(cm)	5	15	25	35

① 물체는 등속도 운동을 하고 있다.
② 0.2 ~ 0.3초 구간에서 평균 속력은 250cm/s이다.
③ 물체의 속력은 시간이 지남에 따라 점점 감소하고 있다.
④ 0.1 ~ 0.2초 구간의 평균 속력이 0.2 ~ 0.3초 구간의 평균 속력보다 빠르다.
⑤ 물체의 속력은 시간이 지남에 따라 50cm/s 만큼 일정하게 증가하고 있다.

4. 등가속도 운동 2

(1) 등가속도 운동의 표현

① **속력 – 시간 그래프** : 그래프 아래 면적이 이동 거리이다.

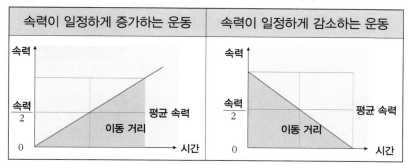

속력이 일정하게 증가하는 운동	속력이 일정하게 감소하는 운동

② **거리 – 시간 그래프** : 기울기는 속력이므로 시간이 지나면서 기울기가 일정하게 증가하거나 일정하게 감소한다.

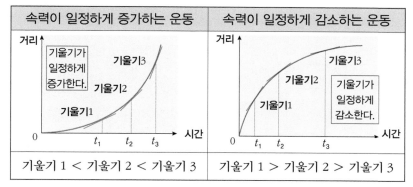

속력이 일정하게 증가하는 운동	속력이 일정하게 감소하는 운동
기울기 1 < 기울기 2 < 기울기 3	기울기 1 > 기울기 2 > 기울기 3

정답 및 해설 **21** 쪽

개념확인 4
다음 그래프 중 시간에 따라 속력이 감소하는 운동을 <u>모두</u> 고르시오. (2개)

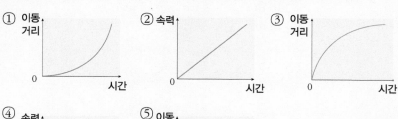
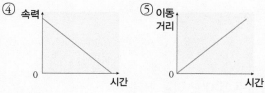

확인 +4
오른쪽 그래프에서 물체가 0 ~ 5초 동안 이동한 거리는 몇 m인가?

① 15 m　　② 20 m　　③ 25 m
④ 30 m　　⑤ 35 m

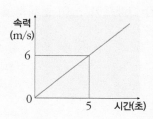

● 등가속도 운동의 평균 속력

등가속도 운동인 경우 속력이 일정하게 변하므로 다음과 같이 평균 속력을 구할 수 있다.

$$평균속력 = \frac{처음속력 + 나중속력}{2}$$

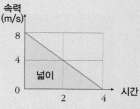

그래프 운동(등가속도 운동)의 처음 4초 동안 평균 속력은 $\frac{8+0}{2} = 4$ m/s이다.

● 등가속도 운동의 속력–시간 그래프

이동거리 = 평균 속력 × 시간

● 등가속도 운동의 거리–시간 그래프

그래프의 기울기 = 속력

● 등가속도 운동의 가속도–시간 그래프

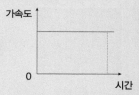

→ 가속도가 시간에 따라 변하지 않고 일정하다.

● 생각해보기 ★★★

높은 곳에서 떨어지는 물체는 속력이 일정하게 빨라진다. 그렇다면 떨어지는 빗방울도 계속 속력이 빨라질까?

01 오른쪽 그림은 지하철 역에 있는 에스컬레이터이다. 에스컬레이터의 운동을 그래프로 나타낸 것 중 옳은 것은?

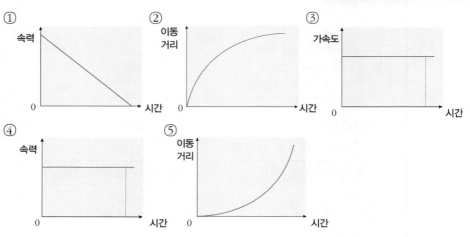

02 오른쪽 그래프는 어떤 물체의 운동에 대한 속력-시간 그래프이다. 이 물체가 출발부터 3초 사이에 이동한 거리는?

① 5 m   ② 10 m   ③ 15 m
④ 20 m   ⑤ 25 m

03 오른쪽 그래프는 어떤 물체의 운동에 대한 이동 거리-시간 그래프이다. 이 물체의 출발부터 10초 사이의 속력은?

① 7 m/s   ② 8 m/s   ③ 9 m/s
④ 10 m/s   ⑤ 70 m/s

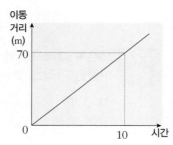

04 다음 그림은 진공 속에서 물체가 떨어지고 있는 모습을 나타낸 것이다. 이 물체의 운동에 대한 설명으로 옳은 것은?

① 등속도 운동이다.
② 방향이 변하는 운동이다.
③ 속력이 일정하게 증가하는 운동이다.
④ 공장의 컨베이어 벨트도 같은 운동을 한다.
⑤ 시간 기록계의 타점 간격이 일정한 운동이다.

05 다음 그림은 지하철이 승강장에 진입을 하면서 속도를 일정하게 늦추고 있는 모습을 나타낸 것이다. 이때의 지하철의 운동을 그래프로 바르게 나타낸 것은?

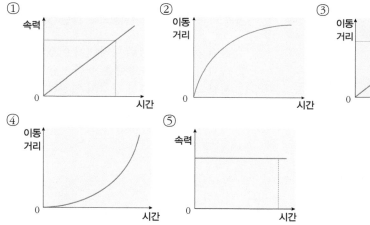
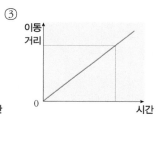

06 오른쪽 그래프는 어떤 물체의 운동에 대한 이동 거리(m)−시간(s) 그래프이다. 6~10초 구간 동안 이 물체의 평균 속력은?

① 2 m/s   ② 4 m/s   ③ 6 m/s
④ 8 m/s   ⑤ 10 m/s

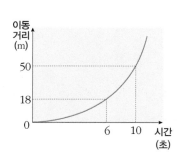

[유형 6-1] 등속도 운동 1

다음 그림은 어떤 물체의 운동을 1초마다 다중 섬광 사진으로 찍은 것이다. 이에 대한 설명으로 옳지 않은 것은?

① 물체의 속력은 10 cm/초 이다.
② 물체는 일정한 속력으로 운동하고 있다.
③ 자유 낙하하는 물체의 운동과 같은 운동이다.
④ 물체의 운동을 시간 기록계를 이용하여 분석하면 타점 간격이 일정하다.
⑤ 물체가 같은 운동 상태를 계속한다면 10초 후에는 100cm의 자리에 다중 섬광 사진이 찍힐 것이다.

Tip!

01 등속도 운동에 대한 설명으로 옳은 것만을 있는 대로 고르시오.

① 속력-시간 그래프로 나타내기 어렵다.
② 속력이 일정하고 방향은 바뀌는 운동이다.
③ 시간 기록계의 타점 간격이 일정하게 증가한다.
④ 곤돌라나 컨베이어 벨트의 움직임은 등속도 운동이다.
⑤ 시간 기록계로 기록한 종이 테이프의 길이는 각 구간이 모두 같다.

02 다음 그림은 어떤 물체의 운동을 진동수 50 Hz인 시간 기록계로 기록한 것이다. A와 B점 사이에서 이 물체의 속력은?

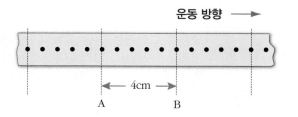

① 20 cm/초   ② 30 cm/초   ③ 40 cm/초
④ 50 cm/초   ⑤ 60 cm/초

[유형 6-2] 등속도 운동 2

오른쪽 그래프는 두 물체 A, B의 시간에 따른 속력을 나타낸 것이다. 다음 설명 중 옳지 <u>않은</u> 것은?

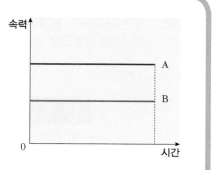

① A의 속력이 B보다 빠르다.
② A와 B 모두 속력이 일정한 운동이다.
③ 그래프의 아랫 부분의 넓이는 이동 거리이다.
④ 이 운동을 이동 거리−시간 그래프로 나타내면 그래프의 기울기가 속력이다.
⑤ 마찰이 없는 빗면에서 내려올 때의 물체의 운동도 같은 모양의 그래프로 나타낼 수 있다.

03 오른쪽 그래프는 두 물체 A, B의 시간에 따른 이동 거리를 그래프로 나타낸 것이다. 다음 설명 중 옳은 것은?

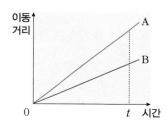

Tip!

① 두 물체는 진공 속에서 떨어지고 있다.
② 물체 B의 속력이 물체 A의 속력보다 빠르다.
③ 출발 후 시간 t 까지의 이동 거리는 B가 A보다 길다.
④ A와 B는 속도가 일정하게 변하는 운동을 하고 있다.
⑤ 두 물체의 운동을 속력-시간 그래프로 나타내면 시간축과 평행한 직선 모양이다.

04 오른쪽 그래프는 어떤 물체의 운동을 속력−시간 그래프로 나타낸 것이다. 이 물체가 같은 운동을 계속한다면 출발부터 5초가 될 때까지 이 물체의 이동 거리는 ?

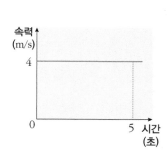

① 20 m   ② 24 m   ③ 28 m
④ 32 m   ⑤ 36 m

[유형 6-3] 등가속도 운동 1

다음 그림은 등가속도 운동을 하고 있는 두 물체 A와 B의 운동을 다중 섬광 사진을 이용하여 관찰한 것이다. 이에 대한 설명으로 옳은 것은?

① 두 물체는 속력이 일정한 운동을 하고 있다.
② 물체 A는 빗면에서 내려오는 운동을 하고 있다.
③ 물체 B는 연직 아래로 떨어지는 운동을 하고 있다.
④ 물체 A의 움직임을 시간 기록계로 기록하면 타점 간격이 점점 감소한다.
⑤ 물체 B의 움직임을 시간 기록계로 기록하면 타점 간격이 점점 증가한다.

Tip!

05 등가속도 운동에 대한 설명으로 옳은 것은?

① 방향은 고려하지 않는다.
② 속력이 일정하게 변하는 운동이다.
③ 가속도가 일정하게 증가하는 운동이다.
④ 시간 기록계로 운동을 기록하기가 어렵다.
⑤ 진자 운동이 대표적인 등가속도 운동이다.

06 다음 그림은 어떤 물체의 운동을 진동수 30 Hz 인 시간 기록계로 기록한 것이다. 이 물체의 운동에 대한 설명으로 옳은 것은?

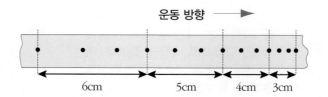

① 물체의 이동 거리는 시간에 비례한다.
② 이웃 타점 간의 시간 간격은 0.5초이다.
③ 각 구간 당 10cm/초 씩 속력이 증가한다.
④ 6cm 이동한 구간에서의 평균 속력은 30cm/초이다.
⑤ 그림에서 왼쪽에 있는 타점일수록 먼저 찍힌 것이다.

[유형 6-4] 등가속도 운동 2

오른쪽 그래프는 두 물체 A, B의 시간에 따른 속력을 그래프로 나타
낸 것이다. 다음 설명 중 옳은 것은?

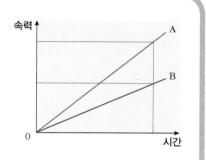

① 두 물체는 등속도 운동을 하고 있다.
② 두 물체는 속력이 일정하게 증가하고 있다.
③ 물체 B의 속력 변화가 물체 A의 속력 변화보다 크다.
④ 같은 시간 동안 물체 A가 물체 B보다 이동 거리가 더 짧다.
⑤ 이 운동을 이동 거리−시간 그래프로 나타내면 그래프의 기울기가 시간이 증가하면서 점점 작아진다.

07 오른쪽 그래프는 30 m/s로 달리던 자동차
가 신호등을 확인하고(0초) 속도를 일정하
게 줄이면서 5초 후 정지한 것을 나타낸
것이다. 이에 대한 설명으로 옳지 <u>않은</u> 것
은?

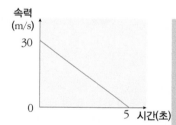

① 자동차는 0~5초까지 등가속도 운동을 하였다.
② 자동차의 0~5초까지의 이동 거리는 75m이다.
③ 자동차의 0~5초까지의 평균 속력은 15m/s이다.
④ 엘리베이터가 움직이기 시작할 때와 같은 운동이다.
⑤ 자동차의 운동을 시간 기록계로 분석하면 타점 간격이 감소한다.

Tip!

08 물체가 연직 아래로 떨어지고 있다. 이 물체의 운동을 표현한 그래프로
옳은 것은?

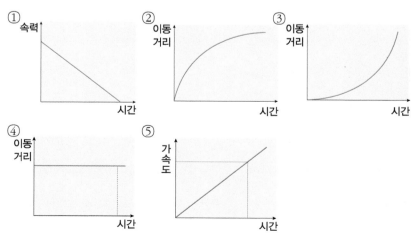

01 초음파란 우리가 들을 수 없는 영역의 특정 주파수 이상인 음파를 말한다. 초음파는 짧은 파장의 소리이므로 공기 속에서보다 물이나 기름 속에서 더 빠른 속도로 전파되는 특징이 있고, 강력한 초음파를 내어도 귀에 피해를 주지 않기 때문에 여러 방면에서 사용되고 있다.

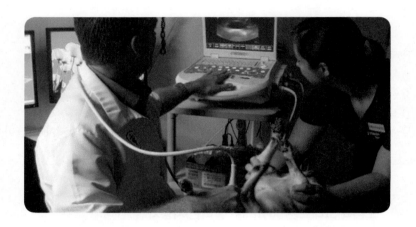

(1) 초음파는 물속에서 1초에 1,500m 씩 일정하게 나아간다고 한다. 이를 이용하여 바다의 깊이를 잴 수 있는 방법을 설명해 보시오.

(2) 박쥐는 초음파를 이용하여 어둠 속에서도 자유롭게 이동을 할 수 있다. 박쥐가 장애물을 미리 알아차리고 방향을 바꿀 수 있는 방법에 대하여 설명해 보시오.

02 다음 그림은 파리 몽파르나스 지하철 역에 있는 세계에서 가장 빠른 무빙워크이다. 시속 12 km의 빠른 속력으로 움직이다 보니 일반적인 운동 감각의 승객들이 이용하도록 하기 위해 무빙워크의 시작과 끝 부분에 특별한 가속, 감속 장치를 설치했다고 한다. 그럼에도 불구하고 사람들의 부상 사고가 많이 발생하여 안전 요원들이 '탑승 부적격자'들을 선별해 낸다고 한다.

	평균 속력(m/s)		평균 속력(m/s)
걸을 때	1.3	달릴 때	2.3 ~ 6.5
마라톤 선수	6 ~ 7	100m 달리기 선수	10

▲ 일상 생활 속 움직임의 평균 속력

(1) 안전 요원들이 탑승 부적격자라고 생각하는 사람들은 어떤 사람들일지 추리해 보시오.

(2) 100 m의 거리를 갈 때, 걸어서 가는 경우와 위의 무빙워크를 탄 상태에서 걸어서 가는 경우 얼마만큼의 시간적 이득이 있을까?

03 무한이와 상상이가 철인 3종 경기처럼 수영 300m, 달리기 1500m, 사이클 1,200m 순으로 경기를 하려고 한다. 가장 짧은 시간에 결승점을 통과한 사람이 경기에서 이기게 된다. 아래 그림은 무한이와 상상이의 각 구간별 평균 속력을 나타낸 것이다.

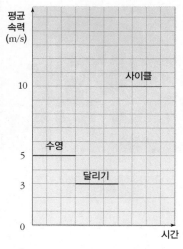

▲ 무한이의 종목별 평균 속력

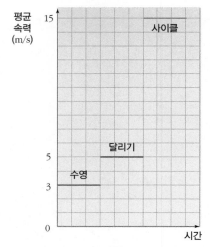

▲ 상상이의 종목별 평균 속력

(1) 각 코스별로 평균 속력이 각각 위와 같았다면, 누가 경기에서 이겼을까?

(2) 이 경기에서 진 친구가 이기기 위해서는 각 코스별 구간 길이를 어떻게 바꾸어야 할지 2가지 이상 서술해 보시오.

04 다음 〈보기〉는 스카이 다이빙을 설명하고 있는 글이다.

―〈 보기 〉―

스카이 다이빙이란 보통 3,000~4,000 m 상공에서 뛰어내려서 낙하산을 펴는 안전 고도인 800 m까지 45초~1분 동안 일정하게 속력이 빨라지며 하늘을 나는 것이다. 스카이 다이빙을 할 때의 속도는 자유 강하 시 기본 자세의 경우 시속 180 km의 평균 속력이 일정하게 유지된다. 최대 속력은 자세에 따라 300 km까지 낼 수 있다. 낙하산을 펼친 후에는 바람이 불지 않는 경우 약 30 km/h의 일정한 속력으로 떨어지게 된다.

(1) 〈보기〉에서 등속도 운동을 나타내는 곳과 등가속도 운동을 나타내는 문장에 밑줄을 그어 보시오.

(2) 다음 사진은 스카이 다이빙의 기본 자세인 아치형 자세를 나타낸 것이다. 그렇다면 가장 천천히 내려올 수 있는 자세와 가장 빨리 내려올 수 있는 자세를 서술해 보시오.

01 등속도 운동에 대한 설명으로 옳은 것은 O표, 옳지 않은 것은 X표 하시오.

(1) 속력과 방향이 모두 변하지 않는 운동이다.
( )

(2) 시간 기록계의 종이 테이프에 찍힌 타점 간격이 점점 길어진다. ( )

(3) 이동 거리는 시간에 비례하여 증가한다.
( )

02 다음은 수레의 운동을 1분의 시간 간격마다 위치의 변화를 표로 나타낸 것이다. 이 수레의 운동에 대한 설명으로 옳은 것은 O표, 옳지 않은 것은 X표 하시오.

운동 방향 ▶

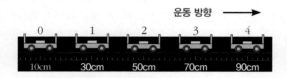

시간(분)	0	1	2	3	4	5
위치(cm)	10	30	50	70	90	110

(1) 수레의 평균 속력은 20cm/분이다. ( )

(2) 0~3분 동안 수레의 속력은 25cm/분이다.
( )

(3) 수레는 속력이 증가하는 운동을 하고 있다.
( )

(4) 수레의 운동을 시간 기록계로 기록하면 타점 간격이 일정하게 증가한다. ( )

03 등가속도 운동에 대한 설명으로 옳은 것은 O표, 옳지 않은 것은 X표 하시오.

(1) 속력은 일정하고, 방향은 변하는 운동이다.
( )

(2) 가속도가 일정한 운동이다. ( )

(3) 지하철이 일정한 비율로 속도를 줄이면서 멈추고 있는 운동도 등가속도 운동이다.
( )

(4) 속력이 시간에 비례하여 증가한다. ( )

04 다음 그림은 마찰이 없는 빗면과 평면에서 운동하는 물체의 다중 섬광 사진이다. 그림 중 A, B 구간의 운동에 대한 설명으로 옳은 것은 O표, 옳지 않은 것은 X표 하시오.

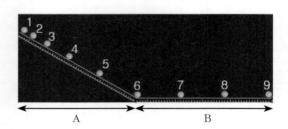

(1) A구간에서는 물체의 속력이 일정하게 증가한다. ( )

(2) B구간의 운동은 등속 직선 운동이다. ( )

(3) A구간에서는 시간 기록계의 타점 간격이 감소한다. ( )

05 다음 그림은 물체의 운동을 진동수 60 Hz인 시간 기록계로 기록한 종이 테이프이다. A와 B점 사이에서 이 물체의 속력은?

운동 방향 ▶

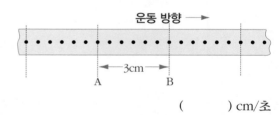

( ) cm/초

06 다음 그래프는 물체 A~E의 운동을 이동 거리 – 시간 그래프로 나타낸 것이다. 물체 A~E 중 가장 먼저 100m 지점에 도착하는 것은?

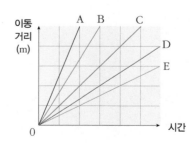

[07~08] 다음 그래프는 어떤 물체의 속력 – 시간 그래프이다.

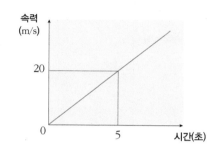

07 물체의 0~5초 동안의 평균 속력은?

(   ) m/s

08 물체가 0~5초 동안 이동한 거리는?

(   ) m

[09~10] 다음 그래프는 물체의 운동을 그래프로 나타낸 것이다.

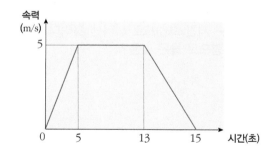

09 위 그래프에서 물체가 등속도 운동을 하여 이동한 거리는 몇 m 인가?

(   ) m

10 위 그래프에서 물체가 등가속도 운동을 하여 이동한 거리는 몇 m 인가?

(   ) m

11 다음 그래프는 A와 B의 운동을 이동 거리 – 시간 그래프로 나타낸 것이다. 출발 후 10초일 때 A와 B 사이의 거리 차이는?

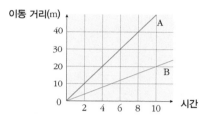

① 10m   ② 15m   ③ 20m
④ 25m   ⑤ 30m

12 다음 그래프는 어떤 물체의 이동 거리 – 시간 그래프이다. 이 물체의 운동을 속력 – 시간 그래프로 바르게 나타낸 것은?

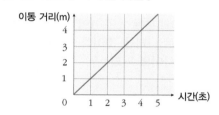

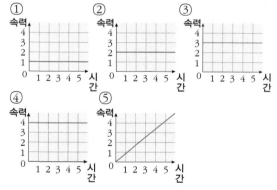

13 다음 그래프는 A와 B의 운동을 이동 거리 – 시간 그래프로 나타낸 것이다. A와 B의 속력의 비(속력 A : 속력 B)는?

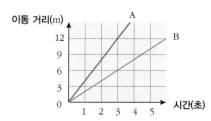

① 1 : 1   ② 1 : 2   ③ 2 : 1
④ 2 : 2   ⑤ 3 : 1

14 다음 그래프는 어떤 물체의 운동을 이동 거리 – 시간 그래프로 나타낸 것이다. 이 물체의 운동에 대한 설명으로 옳은 것은?

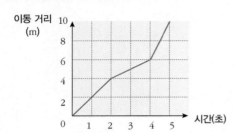

① 이 물체의 속력은 일정하게 증가하고 있다.
② 0~2초 구간에서 이동 거리는 5 m이다.
③ 0~5초 동안 평균 속력은 5 m/s이다.
④ 2~4초 구간에서는 등가속도 운동을 하고 있다.
⑤ 4~5초 구간에서 이 물체의 속력은 4 m/s이다.

15 다음 그래프는 A와 B의 운동을 속력 – 시간 그래프로 나타낸 것이다. 출발을 하여 10초 후 A와 B 사이의 거리는?

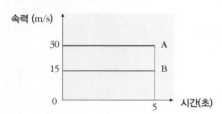

① 100 m   ② 150 m   ③ 200 m
④ 250 m   ⑤ 300 m

16 다음 그래프는 A와 B의 운동을 속력 – 시간 그래프로 나타낸 것이다. 이에 대한 설명으로 옳은 것은?

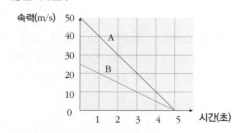

① 두 물체는 등속도 운동을 하고 있다.
② 물체 A의 평균 속력은 25 m/초 이다.
③ 물체 B의 평균 속력은 25 m/초 이다.
④ 두 물체의 속력은 일정하게 증가하고 있다.
⑤ 0 ~ 5초 구간 동안 A의 이동 거리가 B의 이동 거리보다 짧다.

17 다음 그래프는 어떤 물체의 속력 – 시간 그래프이다. 이 그래프를 이동 거리 – 시간 그래프로 바르게 나타낸 것은?

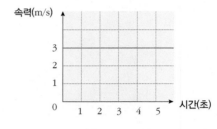

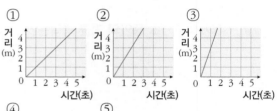

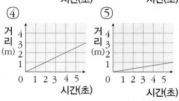

18 다음 그래프는 어떤 물체의 운동을 이동 거리 – 시간 그래프로 나타낸 것이다. 이에 대한 설명으로 옳은 것은?

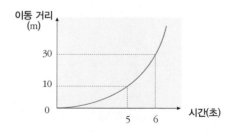

① 물체는 등속도 운동을 하고 있다.
② 물체의 속력은 일정하게 감소하고 있다.
③ 물체의 속력은 6초일 때가 5초일 때보다 빠르다.
④ 시간 기록계로 운동을 기록하면 타점 간격이 감소한다.
⑤ 빗면을 따라 물체가 올라갈 때의 이동 거리 - 시간 그래프도 같은 모양이다.

19 다음 그래프는 어떤 물체의 운동을 속력 – 시간 그래프로 나타낸 것이다. 이에 대한 설명으로 옳지 않은 것은?

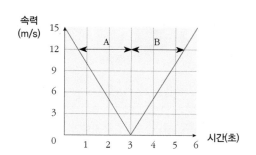

① 물체가 6초 동안 이동한 거리는 45 m이다.
② A 구간에서 물체는 등가속도 운동을 하고 있다.
③ B 구간에서 물체는 속력이 일정하게 증가하고 있다.
④ A 구간에서의 물체의 평균 속력과 B 구간에서의 물체의 평균 속력은 같다.
⑤ A 구간에서 물체가 이동한 거리가 B 구간에서 물체가 이동한 거리보다 길다.

창의력 서술

21 번개가 치고, 천둥 소리가 들릴 때, 번개가 발생한 구름까지의 거리를 측정할 수 있는 방법을 서술해 보시오.

22 무한이와 상상이가 철인 3종 경기처럼 수영 510 m, 달리기 1,200 m, 사이클 3,000 m 순으로 경기를 하려고 한다. 가장 짧은 시간에 결승점을 통과한 사람이 경기에서 이기게 된다. 각 코스별로 평균 속력이 각각 아래 표와 같았다면 누가 경기에서 이겼을지 이유와 함께 서술하시오.

	수영	달리기	사이클
무한이	5 m/s	3 m/s	10 m/s
상상이	3 m/s	5 m/s	15 m/s

20 다음 그림과 같이 매끄러운 빗면에서 구슬이 정지 상태에서 미끄러지기 시작하여 6초 만에 바닥에 닿았다. 바닥에 닿을 때의 속력이 10 m/s 였다면 빗면의 길이는 몇 m인가?

① 10 m   ② 20 m   ③ 30 m
④ 40 m   ⑤ 50 m

마우스의 종말?
- 동작 감지 기술

2013년에 과학 전문 매체인 뉴사이언티스트(New Scientist)는 신년 특집으로 '최초의 유도 만능 줄기세포 임상실험'이나 '1억 유로의 상금을 주는 컴퓨터 프로젝트' 등 2013년을 좌우할 10대 과학 기술 아이디어를 선정했다.

그 중에서도 '마우스를 대신할 3차원적 동작 감지 관련 기술'은 2013년도 초 라스베가스에서 열린 국제 CES 전시회에서 큰 주목을 받고 있다. '마우스의 종말'이라는 말이 나올 정도이다.

– Sciencetimes 기사 발췌

동작 감지 기술(모션 인식 기술)은 어떤 특정한 물체의 움직임과 위치 등을 읽는 센서들을 이용한 기술을 말한다. 다양한 센서들 중 가장 많이 사용되고 있는 센서는 가속도를 측정하여 물체의 방향 변화를 알아내는 '자이로스코프(gyroscope)'와 지표면을 기준으로 가속도와 기울기를 이용하여 물체의 움직임을 알아내는 '가속도 센서'이다. SF 영화 속에서 손을 허공에 대고 움직이며 프로그램을 조정하거나 제품을 끄고 키는 장면들이 이 센서들을 이용한 것이다. 대표적인 영화로 '마이너리티 리포트'가 있다.

Q1 동작 감지 기술을 다루는 공학자가 된다면 동작 감지 기술을 이용하여 분석하고 싶은 움직임(운동)에 대하여 서술해 보시오.

1 모션 인식 기술 영화 속 모습을 현실에서 볼 수 있는 날도 머지 않았다.

2 LEAP MOTION 기술 3차원 동작 인식 기술을 이용하여 모니터에 그림을 그리고 있다.

동작 감지 기술
– 다양한 활용

현재 동작 감지 기술은 크게 '컨트롤러'를 기초로 한 방식과 '카메라'를 기초로 한 방식으로 나눌 수 있다.

3 **닌텐도 Will 컨트롤러**를 기초로 한 모션 인식 기술을 활용하고 있다.

4 **소니 플레이스테이션 컨트롤러**를 기초로 한 방식의 모션 인식 기술을 활용하고 있다.

닌텐도 Wii나 소니 플레이스테이션의 게임들이 컨트롤러를 기초로 한 동작 감지 기술을 사용한 것이다. TV 리모컨을 손을 움직여서 작동을 시키거나, 스마트폰이나 스마트 워치에 내장된 센서를 이용하여 동작을 읽는 것도 컨트롤러를 기초로 한 동작 감지 기술들이다.

5 **키넥트(Kinect)** 카메라를 기초로 한 동작 감지 기술을 활용하고 있다.

6 **3D Depth MapToF 방식** ToF 방식을 이용한 동작 감지 기술을 활용하고 있다.

마이크로소프트에서 개발한 실감형 게임기 키넥트(KINECT)는 적외선 카메라를 이용하여 움직임을 읽고 있다. 최근의 키넥트 기술은 게임 분야 뿐만 아니라 과학과 의료, 그리고 교육 등 다양한 분야에 활용되고 있다.

그 외에 ToF(Time of Flight) 방식은 적외선 조명을 비추어 빛이 물체에 부딪혀 되돌아오는 시간을 측정하여 거리를 계산하는 방식이다. 이 방식은 거리별로 색깔이나 밝기를 부여하여 Depth-map으로 표시할 수 있다.

급성장 중인 웨어러블 시장

오는 2019년 글로벌 웨어러블 시장이 지난해보다 6배 커질 것이라는 전망이 나왔다. 특히 같은 기간에 웨어러블 기기 5대 중 4대는 손목형 기기가 차지할 것으로 관측된다.

주요 기업들인 S사와 A사 등에서 밴드나 팔찌, 시계 등 손목형 웨어러블에 주력을 하고 있고, 안경처럼 착용하는 '아이웨어'는 틈새 시장을 중심으로 자리를 잡아가는 반면, 앞으로는 셔츠나 양말, 모자 등에 스마트 기능을 추가한 '의류형' 제품이 급성장할 것으로 예상된다.

– 일간 에너지경제 기사 발췌

7 손목형 웨어러블 대표적인 기업인 삼성과 애플의 스마트 워치

8 아이웨어 구글 글래스

스마트 워치에는 다양한 기능을 가진 센서들이 들어 있다. 동작 센서, 심박 센서, 자외선 센서, 산소 포화도 센서 등이 있다. 그 중 가장 기본적인 제품은 움직임(운동)을 측정하는 동작 센서이다. 스마트 폰에 앱을 다운 받아 걸음 수를 측정하는 것들이 바로 이 동작 센서 덕분이다.

Q2 웨어러블 기기라는 것은 스마트폰이나 태블릿과 무선으로 연결하여 사용하는 몸에 착용하는 기기들을 모두 말하는 것이다. 웨어러블 기기가 우리 생활 속 곳곳에 사용이 된다면 학교 생활이나, PC방, 영화관 등에서의 모습이 어떻게 변할지 서술해 보시오.

정답 및 해설 **27쪽**

MEMS(Micro Electro Mechanical System)

작은 스마트 워치 속에 다양한 기능을 가진 많은 종류의 센서가 어떻게 들어갈 수 있었을까? 바로 미세 전자 기계 시스템(MEMS, Micro Electro Mechanical System) 덕분이다. 손동작에 따라 화면이 가로에서 세로로 자유롭게 바뀔 수 있었던 것이 바로 움직임을 인식하는 MEMS 가속도 센서 때문인 것이다.

미세전자기계시스템(MEMS, MicroElectroMechanical System) 이란, 각종 기기들을 작게 만들기 위하여 반도체와 기계 기술을 합하여 제작한 마이크로미터(1마이크로미터 = 0.000001m) 단위의 초소형 전자 시스템을 말한다. 즉, 눈으로는 볼 수 없을 정도로 작게 만든 반도체를 말하는 것이다. 닌텐도 Wii 같은 게임기에서부터 자동차 에어백에 들어 있는 센서, 비행기나 배 등의 교통 수단과 로봇 제어 시스템에 MEMS 가속도 센서는 필수적으로 들어가고 있다.

MEMS를 이용하여 사람의 모든 장기의 기능을 하나의 작은 칩에 넣는 '휴먼온어칩(human on a chip)' 프로젝트도 진행 중이라고 한다. 이 칩을 이용하면 임상실험 대신 실제 장기에서 일어나는 현상들을 칩 속에서 관찰할 수 있게 된다.

이렇듯 오늘날 MEMS는 의학, 생명 공학, 통신 분야, 기계, 자동차, 항공 등 다양한 분야에 활용되고 있다. 20세기의 대표적인 산업 기술이 반도체라면, 21세기의 대표적인 산업 기술은 MEMS라고 할 수 있을 정도로 앞으로가 더 기대되고 있는 미래 유망 기술이다.

9 자동차 에어백 MEMS 가속도 센서에 의해 가속도가 갑자기 커지면 작동하도록 만들어 졌다.

10 혈당 측정기 혈액 한 방울만을 이용하여 건강검진이 가능한 Lap on a chip(랩온어칩)에 MEMS를 활용하고 있다.

Q3 내가 MEMS를 적용하여 센서를 만든다면 무엇을 감지하는 센서를 만들 수 있을지 서술해 보자.

Project 2 - 탐구

[탐구-1] 시간 기록계를 이용한 운동의 분석

준비물 시간 기록계(진동수 50Hz), 종이 테이프, 수레, 용수철 저울, 가위, 풀, 모눈 종이

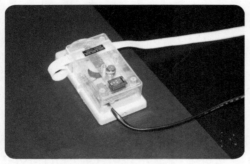

① 시간 기록계를 장치하고, 종이 테이프를 시간 기록계에 끼운 후 수레에 붙인다.

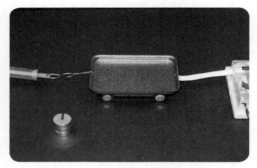

② 수레를 용수철 저울에 연결하여 용수철 저울로 수레를 당기며 운동을 기록하되, 수레를 당길 때는 용수철 저울의 눈금이 일정하게 유지되도록 한다.

실험 과정 이해하기

1. 용수철 저울의 눈금이 일정하게 유지되도록 하는 이유는 무엇인가?

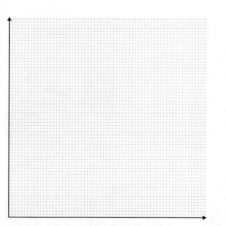

③ 운동을 기록한 종이 테이프를 5타점 간격으로 잘라 모눈 종이에 세워서 붙인다.

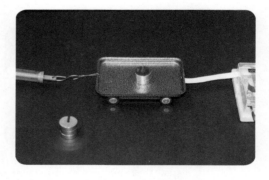

④ 같은 실험을 수레에 추를 얹어 실험을 하되 용수철 저울의 눈금을 일정하게 유지하도록 한다.

실험 과정 이해하기

2. 과정 ④에서 수레에 추를 얹어 실험을 하는 이유는 무엇인가?

예상

3. 실험 ①, ② 과정에서 시간 기록계의 눈금 간격이 어떻게 나올지 예상해 보고 그 이유를 적어 보시오.

자료 해석 및 일반화

4. 실험 결과가 다음과 같이 나왔다.

	A **구간**	B **구간**	C **구간**	D **구간**
걸린 시간(초)	0.1	0.1	0.1	0.1
이동 거리(cm)	3	6	9	12

(1) 각 구간별 평균 속력은?

(2) 수레가 어떤 운동을 하고 있는가?

(3) 모눈 종이의 가로축과 세로축은 각각 무엇을 의미하는가?

5. 전체 자료를 비교해서 힘과 운동과의 관계를 설명해 보시오.

플립 북 (flip book) 이란 ?

플립 북이란 움직임의 한 장면 한 장면을 연속적으로 공통된 규격의 종이에 그림을 그리고, 그것을 연속적으로 넘겼을 때 그림이 움직이는 것처럼 보이게 하는 애니메이션 기구를 말한다.

나만의 '플립 북(flip book)' 만들기

① A4용지를 일정한 크기로 칸을 나눈다.
② 각 칸에 자유롭게 연속된 동작의 원하는 그림을 그려넣는다.
③ 가위로 칸을 맞추어 자른다.
④ 자른 종이를 순서대로 놓고 한 쪽을 스테이플러로 고정한다.
⑤ 빠르게 넘겨가면서 그림의 변화를 관찰해 본다.

III

에너지

청정 에너지를 만들 수 있을까?

8강. 일과 에너지

1. 과학에서의 일

간단실험

과학에서의 '일'을 해 보기

① 바닥에 있는 책을 들어 올려 본다.

② 벽을 손으로 밀어 본다.

③ ①,②의 경우에 한 일을 비교해 본다.

➡ ①의 경우는 한 일이 있지만 ②의 경우는 벽이 움직이지 않으므로 한 일의 양 = 0 이다.

과학에서의 일이 아닌 것

· 오늘은 너무 '일'이 많다.
· 명절이라 '일손'이 부족하다.
· 직장인들은 하루에 8시간씩 '일'을 한다.

(1) 과학에서의 일 : 물체에 힘을 작용하여 물체가 힘의 방향으로 이동할 때 '힘이 물체에 일을 했다'고 한다. 물체에 일을 해주면 물체의 에너지가 증가하거나, 마찰이 있는 경우는 열(에너지)이 발생한다.

▲ 수평면에서 물체를 밀어 일을 하는 경우 물체의 속력이 증가하거나, 면의 마찰이 있으면 마찰열이 발생한다.

▲ 물체를 들어 올려 일을 하는 경우 물체의 위치가 높아지거나 속력이 증가한다.

(2) 과학에서의 일을 하지 않은 경우(일의 양이 0인 경우)의 예

힘이 0인 경우	이동 거리가 0인 경우	힘의 방향과 이동 방향이 수직인 경우

미끄러운 얼음판에서 썰매가 갈 때 작용하는 힘은 0이므로 한 일의 양은 0이다.	물체를 들고 제자리에 서서 이동하지 않는 경우 한 일의 양은 0이다.	가방을 드는 힘과 이동한 방향이 수직이므로 한 일의 양는 0이다.

 개념확인 1

다음 중 과학에서 말하는 일을 하는 경우는?

① 아령을 들고 5분간 서 있었다.
② 가방을 메고 앞으로 걸어갔다.
③ 쇼핑 카트를 밀면서 장을 보았다.
④ 영화관에 앉아서 영화를 보고 있다.
⑤ 점원이 계산대에서 계산을 하고 있다.

 확인 +1

다음 문장 중 과학에서의 일을 한 것은 O표, 과학에서의 일을 하지 않은 것은 X표 하시오.

(1) 인공 위성이 지구 주위를 등속 원운동한다. ( )

(2) 역도 선수가 역기를 들고 가만히 서 있다. ( )

(3) 책상을 교실 뒤로 밀었다. ( )

2. 일의 양

(1) 일의 단위 : J (줄), N·m (뉴턴 미터) 등을 사용한다.

    ① 1 J : 1 N의 힘을 작용하여 물체를 1m 이동시킬 때 한 일의 양

    ② 1 J = 1 N × 1m = 1 N·m

(2) 일의 양(W) 계산 : 물체에 작용한 힘이 일정한 경우 힘(F)과 이동 거리(s)를 곱해서 구한다.

$$일 = 힘 × 이동 거리$$
$$W = F × s$$

    ▲ 물체에 작용한 힘(일정)의 방향과 같은 방향으로 이동할 경우 일의 양은 힘과 물체가 이동한 거리를 곱해서 구한다.

(3) 그래프에서 일의 양 구하기

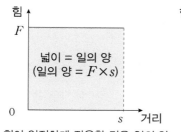
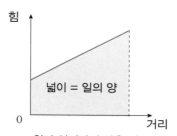

    ▲ 힘이 일정하게 작용할 경우 일의 양   ▲ 힘이 일정하지 않을 경우 일의 양

· 힘이 클수록, 이동 거리가 클수록 물체에 한 일의 양이 많다.

· 그래프에서 일의 양은 그래프 아래의 면적이다.

정답 및 해설 **28** 쪽

 개념확인 2
마찰이 없는 평면에서 물체를 100N의 힘으로 5m 끌어당길 때 한 일의 양은?

 확인 +2
다음 그림은 2kg의 물체에 작용한 힘과 이동 거리와의 관계를 나타낸 그래프이다. 5m 이동하는 동안 한 일의 양은 몇 J 인가?

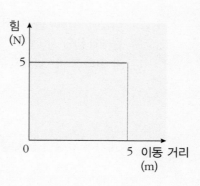

① 5 J   ② 10 J   ③ 15 J   ④ 25 J   ⑤ 50 J

🔵 **간단실험**

무거운 물체와 가벼운 물체를 들어올려 보기

① 책을 한 권 들어올려 본다.

② 책을 다섯 권 들어올려 본다.

③ 어떤 경우에 일을 많이 했는지 비교해 본다.

➡ 책을 한 권 들 때보다 책을 다섯 권 들 때 힘을 더 크게 가하므로 책을 다섯 권 들어올릴 때 일을 더 많이 한 것이다.

🔵 **일의 양 계산**

물체에 1 N(뉴턴)의 힘을 작용하여 힘의 방향으로 1m 이동하는 경우 한 일의 양은 1 J이다.

1 N × 1m = 1 J

만약 2 N의 힘을 가해 물체를 힘의 방향으로 5m 이동시켰다면 한 일의 양은

2 N × 5m = 10 J이다.

마찰력에 대한 일 해 보기

① 가벼운 물체를 용수철 저울에 연결하여 끌어 본다.
② 무거운 물체를 용수철 저울에 연결하여 끌어 본다.
③ ①, ②에서 관찰된 용수철 눈금을 읽어 어떤 경우에 일을 많이 했는지 비교해 보자.
➡ 무거운 물체일수록 물체에 작용하는 마찰력이 크므로 무거운 물체를 끌 때 더 큰 힘이 용수철 저울에 나타나고 따라서 무거운 물체를 끌 때 더 많은 일을 한다.

● 등속 운동하는 물체에 작용하는 힘
물체가 속력이 일정하고 직선 운동을 하는 경우에는 물체에 작용하는 알짜힘(합력)이 0이다.

● 물체의 무게
물체의 무게는 지구의 중력의 크기과 같고 질량이 1kg인 물체의 무게는 1kgf = 9.8 N이다.

(4) 마찰력에 대한 일 : 마찰이 있는 수평면에서 물체를 등속으로 밀거나 끌 때, 물체에 가한 힘의 크기는 마찰력과 같으므로 이때 힘이 한 일은 마찰력에 대한 일이며, 일의 양은 마찰력과 이동 거리를 곱해서 구한다.

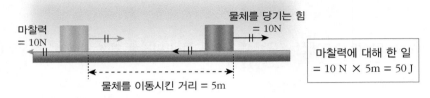

마찰력 = 10N   물체를 당기는 힘 = 10N

물체를 이동시킨 거리 = 5m

| 마찰력에 대해 한 일 = 10 N × 5m = 50 J |

▲ 물체를 등속으로 끌어당길 때

·**물체를 등속으로 끌어 당기는 경우** : 물체를 당기는 힘의 크기 = 마찰력의 크기
(물체에 가한 힘과 마찰력은 서로 반대 방향이다.)

(5) 중력에 대한 일 : 물체를 등속으로 들어올릴 때, 물체에 가한 힘의 크기는 중력과 같으므로 이때 힘이 한 일은 중력에 대한 일이고, 일의 양은 물체의 무게와 들어올린 높이를 곱해서 구한다.

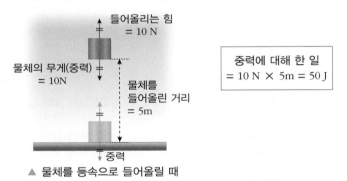

들어올리는 힘 = 10 N
물체의 무게(중력) = 10N
물체를 들어올린 거리 = 5m
중력

| 중력에 대해 한 일 = 10 N × 5m = 50 J |

▲ 물체를 등속으로 들어올릴 때

·**물체를 등속으로 들어올리는 경우** : 물체를 들어올리는 힘 = 물체의 무게
(물체에 가한 힘과 중력의 방향은 서로 반대 방향이다.)

개념확인 3

다음은 물체에 일을 해 줄 때 작용한 힘에 대한 내용이다. 빈칸에 알맞은 힘을 써 넣어 문장을 완성하시오.

| 마찰이 있는 수평면에서 물체를 등속으로 끌어당기는 일을 할 때 힘의 크기는 물체와 바닥 사이의 (   )과 같고, 물체를 등속으로 들어올리는 일을 할 때 힘의 크기는 물체의 무게와 같다. |

확인 +3

무게가 300 N인 물체를 5m 들어올렸다. 이때 한 일의 양은?

① 300 J   ② 500 J   ③ 1000 J
④ 1500 J   ⑤ 3000 J

3. 일률

(1) 일률 : 1초 혹은 1시간 동안 한 일의 양을 말한다. 일의 효율(능률)이다.

① **단위** : W(와트), kW(킬로와트), 마력(HP)
② **구하기** : 한 일의 양을 시간으로 나누어 구한다.
③ **특징** : 기계의 성능이 좋을수록 일률이 크다.

$$일률(W) = \frac{일의\ 양}{걸린\ 시간}(J/s = W)$$

(2) 일률과 일의 양 및 시간의 관계

① **일률과 일의 양** : 같은 시간 동안 한 일의 양이 많을수록 일률이 크다.

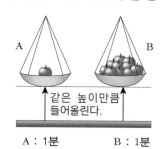

◀ 같은 시간 동안 같은 높이만큼 물체를 들어올렸을 때의 일 A<B
➡ B가 A보다 더 큰 힘을 가하여 물체를 들어 올려야 하므로 일의 양이 더 많다. 일을 한 시간은 같으므로 B의 일률이 A의 일률보다 크다.
(B에 일을 한 사람의 일률이 A에 일을 한 사람의 일률보다 크다.)

A : 1분　　B : 1분

② **일률과 시간** : 한 일의 양이 같을 때 걸린 시간이 짧을수록 일률이 크다.

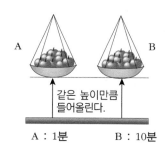

◀ 무게가 같은 물체를 같은 높이만큼 들어 올렸을 때의 일 A>B
➡ 같은 힘을 가하여 같은 높이만큼 들어올리므로 A와 B에 한 일의 양은 같다. 그렇지만 일을 한 시간은 B가 더 짧으므로 B의 일률이 A의 일률보다 크다.
(B에 일을 한 사람의 일률이 A에 일을 한 사람의 일률보다 크다.)

A : 1분　　B : 10분

정답 및 해설 28 쪽

개념확인 4 광호는 수평면에 있는 물체에 70N의 힘을 작용하여 10m 이동시키는데 5초가 걸렸다. 이때 광호의 일률은 몇 W인가?

(　　　　) W

확인 +4 일률에 대한 설명으로 옳은 것은 O표, 옳지 않은 것은 X표 하시오.

(1) 일률은 일의 효율을 나타내는 양이다. (　　)
(2) 일률의 단위로 J, W, HP 등을 사용한다. (　　)
(3) 일의 양이 같을 때 걸린 시간이 짧을수록 일률은 작다. (　　)

간단실험

일률이 큰 것은 무엇일까?

① 벽돌 두 개를 두 번에 나누어 옮겨본다.
② 벽돌 두 개를 한 번에 옮겨 본다.
③ ①, ②에서 각각의 시간을 재어 일률을 비교해 본다.

➡ 똑같이 벽돌 두 개를 옮기는 것이지만 ②의 경우가 시간이 더 짧게 걸리므로 일률은 ②의 경우가 ① 경우보다 더 크다.

일률 계산

무게 75kgf의 물체를 1초 동안 1m 들어 올릴 때의 일률은 얼마일까?
① 한 일 구하기
75kgf = 75×9.8 = 735 N
W(일의 양) = 735×1m = 735 J
② 일률 구하기
일률 = $\frac{735 J}{1s}$ = 735 W(와트)

1 HP(마력)

말 1 마리의 평균 일률을 뜻하며, 무게 75kgf의 물체를 1초 동안 1m 들어 올릴 수 있는 일률을 말한다.
1 HP = 735 W

1 kW(킬로와트)
1 kW = 1000 W이다.

4. 일과 에너지

(1) 에너지 : 일을 할 수 있는 능력을 말한다.

① **단위** : 일과 같은 단위인 J(줄)을 사용한다.
② **특징** : 물체에 일을 해주면 물체의 에너지가 증가하고, 에너지를 가진 물체가 일을 하면 그만큼 에너지가 감소한다.

(2) 퍼텐셜 에너지 : 특정 위치에 있는 물체가 가지는 에너지를 말한다.

① **중력에 의한 퍼텐셜 에너지** : 물체의 질량이 클수록, 물체가 기준면보다 높은 곳에 있을수록 물체가 가지는 퍼텐셜 에너지가 크다. 중력 × 기준면에서의 높이로 구한다. 물체가 떨어져 기준면에 도달할 때까지 중력에 의한 일의 양과 같게 나타난다.

중력에 의한 퍼텐셜 에너지(J)
= 중력(무게) × 높이
= 중력에 의한 일의 양
(이동 거리 : 높이)

퍼텐셜 에너지 : A > B   퍼텐셜 에너지 : C < D

② **탄성력에 의한 퍼텐셜 에너지** : 탄성을 가진 물체가 변형이 많이 일어날수록 그 물체가 가지는 퍼텐셜 에너지가 크다.

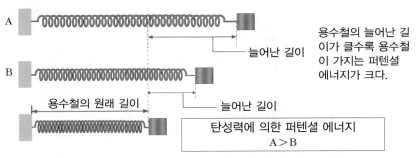

용수철의 늘어난 길이가 클수록 용수철이 가지는 퍼텐셜 에너지가 크다.

늘어난 길이

용수철의 원래 길이   늘어난 길이

탄성력에 의한 퍼텐셜 에너지
A > B

개념확인 5

다음은 퍼텐셜 에너지에 대한 설명이다. 빈칸 안에 알맞은 말을 써 넣으시오.

중력에 대한 퍼텐셜 에너지는 질량이 ㉠ (   )수록, 기준면으로부터의 높이가
㉡ (   )수록 커진다.

확인 + 5

사람이 엘리베이터를 타고 위로 올라가고 있다. 몇 층에서 사람의 위치 에너지의 크기가 가장 크겠는가?

① 2층   ② 10층   ③ 12층
④ 15층   ⑤ 20층

(3) 운동 에너지 : 운동하고 있는 물체는 다른 물체에 일을 할 수 있으므로 에너지를 가진다. 운동하고 있는 물체가 가지는 에너지를 운동 에너지라고 한다.

운동 에너지 : A < B   운동 에너지 : C < D

▲ 운동 에너지는 물체의 질량이 클수록, 물체의 속력이 빠를수록 커진다.

(4) 역학적 에너지 : 물체의 퍼텐셜 에너지와 운동 에너지의 합을 말한다.

① 퍼텐셜 에너지와 운동 에너지는 서로 전환된다.

② 마찰이나 공기의 저항이 없을 경우 역학적 에너지는 보존된다.

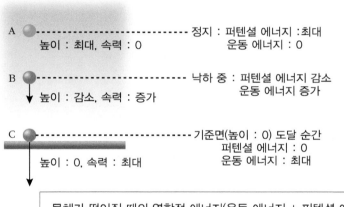

A 높이 : 최대, 속력 : 0   정지 : 퍼텐셜 에너지 :최대
                              운동 에너지 : 0

B 높이 : 감소, 속력 : 증가   낙하 중 : 퍼텐셜 에너지 감소
                              운동 에너지 증가

C 높이 : 0, 속력 : 최대   기준면(높이 : 0) 도달 순간
                              퍼텐셜 에너지 : 0
                              운동 에너지 : 최대

물체가 떨어질 때의 역학적 에너지(운동 에너지 + 퍼텐셜 에너지)
: A, B, C 지점에서의 역학적 에너지는 같다. ➡ 역학적 에너지 보존

● 운동 에너지의 이용

▲ 윈드 서핑
파도나 바람이 가지는 운동 에너지가 사람과 발판의 운동 에너지로 전환된다.

▲ 풍력 발전
바람이 가지는 운동 에너지가 전기 에너지로 전환된다.

▲ 당구
사람이 큐대에 일을 해주면 큐대가 운동 에너지를 가지게 되며 이것이 당구공의 운동 에너지로 전환된다.

정답 및 해설 **28 쪽**

개념확인
6

다음은 여러 물체의 속력을 나타낸 것이다. 물체의 질량이 모두 10kg 일 때, 가장 큰 운동 에너지를 가지는 물체는?

① 1 m/s   ② 3 m/s   ③ 5 m/s
④ 7 m/s   ⑤ 9 m/s

확인
+ 6

물체를 공중에서 가만히 떨어뜨렸다. 이에 대한 설명으로 옳은 것은? (단, 공기의 저항은 없다고 가정한다.)

① 낙하하는 동안에는 퍼텐셜 에너지만 존재한다.
② 떨어뜨리기 직전의 역학적 에너지가 가장 크다.
③ 바닥에 도달할 때의 물체는 위치 에너지만 가진다.
④ 더 높은 곳에서 떨어뜨려도 바닥에 도달하는 속력은 변하지 않는다.
⑤ 더 높은 곳에서 물체를 떨어뜨리면 물체의 역학적 에너지는 더 커진다.

● 생각해보기★
롤러코스터에서 가장 운동 에너지가 큰 지점은 어디일까?

미니사전
전환 [轉 구르다 換 바꾸다] 다른 모양이나 상태로 바뀌는 것

01 다음 중 과학에서 말하는 일을 한 경우는 O표, 아닌 경우는 X표 하시오.

(1) 바닥에 떨어진 책을 책상 위로 들어올렸다. ( )

(2) 인공 위성이 지구 주위를 돌고 있다. ( )

(3) 바닥에 있는 상자를 밀어서 2m 옮겼다. ( )

02 다음은 일에 대한 설명이다. 옳지 않은 것은?

① 마찰이 없는 면에서 물체를 끌어당길 때의 일의 양은 0이 아니다.
② 일의 양은 물체에 작용한 힘과 수직으로의 이동 거리를 곱하여 구한다.
③ 물체를 일정한 속력으로 끄는 일을 할 때 작용하는 힘의 크기는 마찰력과 같다.
④ 물체에 작용한 힘의 방향과 물체의 이동 방향이 수직인 경우 일의 양은 0이다.
⑤ 물체를 일정한 속력으로 들어올리는 일을 할 때 작용하는 힘의 크기는 물체의 무게와 같다.

03 다음 중 괄호 안에 들어갈 알맞은 것을 고르시오.

(1) 한 일의 양이 일정할 때 일률은 걸린 시간이 (㉠ 길, ㉡ 짧을)수록 크다.

(2) 일을 하는 데 걸린 시간이 같으면 한 일의 양이 많을수록 일률은 (㉠ 작다, ㉡ 크다).

04 중력에 의한 퍼텐셜 에너지에 대한 설명으로 옳지 <u>않은</u> 것은?

① 물체의 기준면에서의 높이가 높을수록 퍼텐셜 에너지가 커진다.
② 기준면이 달라져도 중력에 의한 퍼텐셜 에너지는 변하지 않는다.
③ 지면에서 1m 높이에 있는 두 물체 중 질량이 큰 물체의 퍼텐셜 에너지가 더 크다.
④ 질량이 같은 두 물체의 퍼텐셜 에너지는 기준면으로부터의 높이에 따라 서로 달라진다.
⑤ 기준면에서 2m 높이에 정지해 있던 물체의 퍼텐셜 에너지는 물체가 낙하하여 지면에 도달할 때까지 중력이 한 일의 양과 같다.

05 일과 에너지에 대한 설명으로 옳지 <u>않은</u> 것은?

① 일의 단위는 J을 사용한다.
② 퍼텐셜 에너지는 일로 전환할 수 없다.
③ 물체가 일을 하면 물체의 에너지가 감소한다.
④ 운동 에너지는 물체의 질량이 클수록 커진다.
⑤ 물체에 일을 해주면 물체의 에너지가 증가한다.

06 다음은 물체를 일정한 속력으로 들어 올리는 운동에 대한 설명이다. 옳지 <u>않은</u> 것은?

① 물체의 운동 에너지는 감소하였다.
② 물체의 퍼텐셜 에너지는 증가하였다.
③ 물체의 역학적 에너지는 증가하였다.
④ 물체를 들어올릴 때 '중력에 대해 일을 했다'고 한다.
⑤ 물체를 높이 들어올릴수록 많은 일을 해 주는 것이다.

[유형 8-1] 과학에서의 일

과학에서 의미하는 일에 대한 설명으로 옳은 것을 〈보기〉에서 모두 고른 것은?

───── 〈 보기 〉 ─────

ㄱ. 물체에 힘을 작용하거나 물체가 이동하더라도 한 일의 양이 0인 경우가 있다.
ㄴ. 물체에 한 일의 양은 물체에 작용한 힘의 크기와 물체가 힘의 방향으로 이동한 거리를 곱하여 구한다.
ㄷ. 물체에 작용하는 힘의 방향과 물체가 이동한 방향이 수직일 때 물체에 한 일의 양은 0이 아니다.

① ㄱ   ② ㄴ   ③ ㄷ
④ ㄱ, ㄴ   ⑤ ㄱ, ㄴ, ㄷ

Tip!

01 다음 중 과학에서의 일에 해당하는 것은 무엇인가?

① 책상에서 공부하고 있다.
② 책상을 끌어당겨 옮기고 있다.
③ 소희가 화분을 들고 걸어가고 있다.
④ 마찰이 없는 얼음판 위에서 물체가 미끄러졌다.
⑤ 보라가 벽을 밀었는데도 벽이 움직이지 않았다.

02 다음 〈보기〉 중 일을 하지 않은 것만을 있는 대로 고른 것은?

───── 〈 보기 〉 ─────

ㄱ. 손수레를 민다.
ㄴ. 편의점에서 물건을 판다.
ㄷ. 장바구니를 들고 서 있다.
ㄹ. 지게차로 상자를 들어 올린다.
ㅁ. 점원이 물건을 진열대 위에 올려놓는다.

① ㄱ, ㄴ   ② ㄴ, ㄷ   ③ ㄷ, ㄹ
④ ㄱ, ㄴ, ㄹ   ⑤ ㄴ, ㄷ, ㄹ

[유형 8-2] 일의 계산

그림과 같이 승우가 질량 500 g의 공을 1m 들어 올린 다음 수평면을 따라 5m 이동하였다.

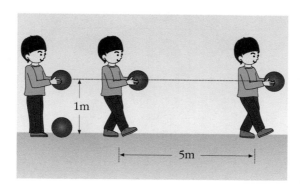

1m

5m

이 과정에서 승우가 한 일의 양은 몇 J인가? (단, 질량 1 kg의 무게는 9.8 N이다.)

① 0.5 J
④ 9.8 J
② 4.9 J
⑤ 29.4 J
③ 5J

03 다음 중 일의 단위를 <u>모두</u> 고르시오.(2개)

① N
④ N/m
② J
⑤ kg · m
③ N · m

04 그래프는 물체에 작용하는 힘과 이동 거리의 관계를 나타낸 것이다. 물체를 5m 이동시키는 동안 한 일의 양은 몇 J 인가?

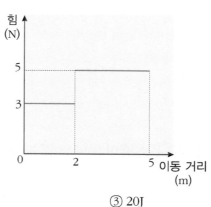

① 8J
④ 21J
② 15J
⑤ 31J
③ 20J

[유형 8-3] 일률

그림과 같이 수평면에서 A는 6 kg의 물체를 1 m 들어 올려 60 cm 이동하였고, B는 8 kg의 물체를 1 m 들어 올려 80 cm 이동하였고, C는 8 kg의 물체를 1 m 들어 올려 60 cm 이동하였다.

A   B   C

A, B, C 모두 일하는데 5분이 걸렸을 때, 일률의 크기를 바르게 비교한 것은?

① A > B > C   ② A < B = C   ③ A = B < C
④ B > C > A   ⑤ C > B > A

Tip!

05 일률에 대한 설명으로 옳지 <u>않은</u> 것은?

① 단위 시간 동안 한 일의 양을 일률이라고 한다.
② 일률의 단위는 W(와트)나 HP(마력)을 사용한다.
③ 일률이 커지기 위해서는 걸린 시간이 길어져야 한다.
④ 무게가 500 N인 물체를 10 m 들어 올리는데 20초 걸렸다면 일률은 250 W이다.
⑤ 1HP는 한 마리의 말이 75kgf의 물체를 1초 동안 1m 들어 올릴 때의 일률이다.

06 일률이 96W 인 양수기를 이용하여 물을 2초 동안 10m 높이로 퍼 올렸다. 이때 한 일의 양은?

① 9.6J   ② 48J   ③ 96J
④ 192J   ⑤ 480J

[유형 8-4] 일과 에너지

다음 그림은 김연아 선수가 점프를 하는 모습을 나타낸 것이다.

김연아 선수는 다른 선수들에 비해 높은 점프 동작을 훌륭히 해낸다. 이와 같이 다른 선수보다 더 높은 점프를 할 수 있는 과학적 이유를 가장 바르게 설명한 것은?

① 점프 전 속력이 빨랐기 때문이다.
② 점프 전 자세를 많이 굽혔기 때문이다.
③ 선천적으로 점프력이 뛰어나기 때문이다.
④ 다른 선수들에 비해 하체 길이가 길기 때문이다.
⑤ 점프 전 뛰어오르기 위한 준비를 충분히 길게 했기 때문이다.

07 일과 에너지의 관계를 설명한 것으로 옳은 것은?

① 일과 에너지는 서로 전환될 수 없다.
② 일을 할 수 있는 능력을 힘이라고 한다.
③ 물체의 에너지 변화량은 해준 일의 양으로 측정할 수 있다.
④ 일과 에너지는 서로 같은 양이며, 단위로 W를 사용한다.
⑤ 에너지를 가진 물체가 일을 하면 가한 힘의 크기만큼 에너지가 증가한다.

Tip!

08 다음 중 위치 에너지가 운동 에너지로 전환되는 경우를 모두 고르시오. (2개)

① 요트   ② 볼링   ③ 수력발전
④ 물레방아   ⑤ 풍력발전

01

물건을 들고 계단을 올라가는 것은 과학에서 말하는 일에 해당한다. 아래 방향으로 작용하는 중력에 대해 해준 일을 의미하는 것이며, 수평으로 이동한 운동은 일을 하지 않은 것으로 생각한다.

다음 그림은 '펜로즈의 계단'이라 불리는 것이다. 그림을 자세히 보면 이 계단을 올라가는 경우 계속해서 올라갈 수 있다. 즉, 물건을 들고 올라가는 경우 계속해서 중력에 대해 일을 해주는 것이다.

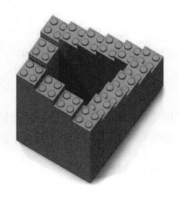

(1) 실제로 펜로즈의 계단이 존재하여 이 계단에서 무게를 알고 있는 물체를 들고 올라가고 있다면 물체에 해준 일을 계산하는 방법을 서술해 보시오.

(2) 영화 '인셉션'에 등장하는 펜로즈의 계단은 다음 사진과 같은 모습으로 생겼다. 그렇다면 이 계단을 따라 올라가며 물건을 들어 올릴 때 실제로 변하고 있는 것을 힘과 일을 사용하여 서술해 보시오.

02 과학자 왕절약씨가 실험실을 옮기게 되어 이사를 도울 세 명의 직원을 고용했다. 이들이 해야 할 일은 이삿짐을 자동차에 들어 올려 싣는 일, 짐이 실린 트럭을 몰고 새 실험실까지 운전을 하는 일, 트럭에서 내려진 물건을 끌어다 놓는 일 등이다. 왕절약씨는 이들에게 일당 급여 외에 과학적 일에 대한 별도의 수당을 지급하기로 하였다.

승호는 총 무게 30,000 N의 여러 물건을 1m 들어 올려 싣는 일을 하는데 3시간이 걸렸고, 경민이는 이삿짐을 싣고 운전을 4시간 동안 하였으며, 재호는 무게의 절반 크기의 마찰력이 작용하는 바닥에서 일정한 속력으로 왕절약씨가 바닥에 내려준 이삿짐을 3m 끌어다 놓는 일을 하는데 5시간이 걸렸다.

(1) 과학자 왕절약씨는 이중 경민이에게는 별도의 수당을 지불하지 않았다. 그 이유는 무엇일지 적어 보시오.

(2) 왕절약씨가 승호에게는 10만원, 재호에게는 9만원을 주자, 재호는 자기가 일을 더 많이 했다고 항의하였다. 재호가 항의한 이유와 왕절약씨의 수당 지불 방법을 써보시오.

(3) 자신이 왕절약씨에게 고용된다면 어떤 일을 선택할 지 이유와 함께 설명해 보시오.

창의력 & 토론마당

03 일반적으로 요새를 공격하기 위해서는 방어하는 병력보다 훨씬 많은 병력이 필요하다고 알려져 있다. 병력의 소모를 막고 강력한 공격을 하기 위해 영화나 드라마에는 투석기를 이용하는 장면이 등장하기도 한다. 다음 그림 중 왼쪽 그림은 강물로 둘러싸여 있는 요새를 나타낸 것이고, 오른쪽 사진은 투석기이다.

투석기 중에서도 탄성력을 이용하는 투석기는 돌을 담는 부분을 뒤로 당긴 다음에 갑자기 놓으면 돌이 튕겨져 날아가는 성질을 이용한 것이다.

(1) 투석기를 뒤로 당겼을 때 ⇒ 돌이 날아갈 때 ⇒ 돌이 떨어질 때 에너지의 전환을 설명해 보시오.

(2) 더 강한 공격을 퍼부어서 요새를 빨리 함락시키고 싶다면 투석기를 어떻게 개조하고 싶은지 설명해 보시오.

130 1F 물리학(상)

04 물레방아는 물이 떨어지면서 바퀴를 돌려 방아를 찧는 방식을 이용하는 도구이다. 흔히 마을에서 공동으로 세워 곡식을 빻는 데에 이용하였고, 물이 떨어지는 높이가 높을수록 방아를 잘 찧을 수 있다.

물방아 세부 명칭   물레방아 세부 명칭

중력이 작은 달에 지구에서와 같은 물레방아를 설치하고 물도 똑같이 흘려 보낸다면 물레방아의 일률은 지구와 비교하여 감소할지 또는 증가할지 이유와 함께 서술해 보시오.

01 다음 중 과학에서 말하는 일인 경우는 O표, 아닌 경우는 X표 하시오.

(1) 화분을 들고 계단을 올라갔다. (　　　)

(2) 책상에 앉아 공부를 하고 있다. (　　　)

(3) 볼링공을 들고 가만히 서 있었다. (　　　)

02 다음 빈칸을 채우시오.

무게 2 N의 물체를 1m 높이까지 들어올렸을 때 한 일은 (　　　) J이다.

03 질량 20 kg인 물체를 10cm 들어 올릴 때 한 일의 양은 얼마인지 단위까지 쓰시오. (단, 질량 1 kg의 무게는 9.8 N이다.)

04 다음은 일의 양을 계산하는 방법에 대한 설명이다. 옳은 것은 O표, 옳지 않은 것은 X표 하시오.

(1) 일의 양은 작용한 힘의 크기와 힘의 방향으로 이동한 거리의 곱으로 나타낸다. (　　　)

(2) 물체를 천천히 들어올릴 때의 한 일의 양은 물체의 무게와 들어올린 높이의 곱으로 나타낸다. (　　　)

(3) 물체에 힘을 주어도 움직이지 않은 경우에는 물체에 작용한 힘의 최대값이 한 일의 양이다. (　　　)

05 무게가 50 N인 물체를 기중기로 4 m 높이까지 일정한 속력으로 들어 올리는 데 5초가 걸렸다면 기중기의 일률은 몇 W인가?

(　　　　　) W

06 지면에 있는 질량 2 kg의 물체를 10 m 높이까지 천천히 들어 올렸다. (단, 질량 1 kg의 무게는 9.8 N이다.)

(1) 물체에 해 준 일은 얼마인가?

(2) 지면을 기준면으로 한다면 높이 10 m 위치에서 이 물체가 가지는 퍼텐셜 에너지는 얼마인가?

07 그림은 물체가 운동하는 모습을 나타낸 것이다. 각각의 경우에 더 큰 운동 에너지를 가지는 물체의 기호를 쓰시오.

(1) 물체의 속력이 다른 경우

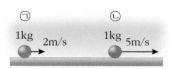

(2) 물체의 질량이 다른 경우

08 다음의 여러 물체들에서 운동 에너지를 이용하는 것은 '운', 퍼텐셜 에너지를 이용하는 것은 '퍼' 라고 쓰시오.

(1) 볼링공으로 핀 쓰러뜨리기 ( )

(2) 물로 물레방아 돌리기 ( )

(3) 널뛰기 ( )

09 다음 그림은 마찰이 없는 언덕길에서 썰매가 눈 위로 미끄러져 내려오는 모습을 나타낸 것이다.

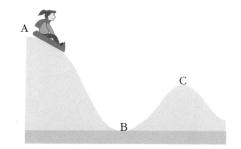

그림에 대한 다음 설명 중 옳은 것은 O표, 옳지 않은 것은 X표 하시오.

(1) 역학적 에너지는 모든 곳에서 같다. ( )

(2) B점에서 퍼텐셜 에너지가 가장 크다.( )

(3) C점에서 운동 에너지는 가장 작다. ( )

10 그림과 같이 무게 100 N의 물체에 20 N의 힘을 주어 일정한 속력으로 3 m 밀었을 때, 이 물체의 마찰력과 한 일의 양을 바르게 짝지은 것은?

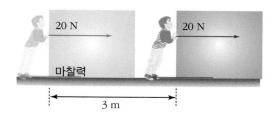

	마찰력	한 일
①	10 N	60 J
②	20 N	60 J
③	20 N	300 J
④	100 N	300 J
⑤	100 N	500 J

11 그림과 같이 수평면에 놓여 있는 질량 10 kg인 물체에 수평 방향으로 20 N의 힘을 가했더니, 물체가 일정한 속력으로 5 m를 이동하였다.

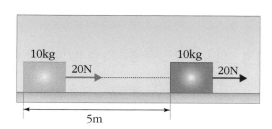

이에 대한 설명으로 옳은 것만을 〈보기〉에서 있는 대로 고른 것은?

─〈 보기 〉─

ㄱ. 물체를 밀어 이동시키는 동안 미는 힘은 마찰력보다 크다.

ㄴ. 물체를 5 m 이동시켰을 때 한 일의 양은 100 J이다.

ㄷ. 물체와 수평면 사이에서 작용하는 마찰력의 크기는 10 kgf이다.

① ㄱ ② ㄴ ③ ㄱ, ㄴ
④ ㄱ, ㄷ ⑤ ㄱ, ㄴ, ㄷ

12 그림 (가)는 질량 5 kg인 물체를 수평 방향으로 10 N의 일정한 힘을 가해 등속으로 2 m 이동시킬 때를 나타낸 것이고, 그림 (나)는 질량 5 kg인 물체를 2 m 들어 올릴 때를 나타낸 것이다.

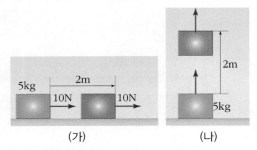

이에 대한 설명으로 옳은 것만을 〈보기〉에서 있는 대로 고른 것은?

─〈 보기 〉─
ㄱ. (가)는 마찰력, (나)는 중력에 대한 일을 한다.
ㄴ. (가)에서 물체에 작용하는 마찰력의 크기는 10 N이다.
ㄷ. (가), (나)의 일의 양은 같다.

① ㄱ   ② ㄴ   ③ ㄷ
④ ㄱ, ㄴ   ⑤ ㄴ, ㄷ

13 다음과 같은 두 종류의 엘리베이터가 있다.

ⓐ 사람을 많이 태우지만 느린 엘리베이터
ⓑ 사람을 적게 태우지만 빠른 엘리베이터

두 엘리베이터의 일률을 비교하는 방법으로 바른 것을 〈보기〉에서 모두 고른 것은?

─〈 보기 〉─
ㄱ. 같은 무게의 사람을 태운 경우 빠르게 올라가는 엘리베이터의 일률이 크다.
ㄴ. 같은 층으로 올라온 시간이 같을 때 사람의 무게가 무거울수록 일률이 크다.
ㄷ. 엘리베이터의 일률을 비교하려면 한 일의 양과 시간을 동시에 비교해야 한다.

① ㄱ   ② ㄴ   ③ ㄱ, ㄴ
④ ㄴ, ㄷ   ⑤ ㄱ, ㄴ, ㄷ

14 다음에서 일의 단위만를 있는 대로 고르시오.

① J   ② kg   ③ N
④ N·m   ⑤ kg·m

15 다음은 지훈이가 계단을 오를 때 일률이 얼마나 되는지 알아보는 탐구 활동이다.

(1) 지훈이의 몸무게를 측정한다.
(2) 올라갈 계단의 높이를 계산한다.
(3) 계단을 올라갈 때 걸리는 시간을 측정한다.

이에 대한 설명으로 옳은 것만을 〈보기〉에서 있는 대로 고른 것은?

─〈 보기 〉─
ㄱ. 지훈이가 한 일의 양은 몸무게에 계단의 높이를 곱한 값이다.
ㄴ. 책가방을 메고도 같은 시간에 같은 높이의 계단을 올라갔다면 일률이 커진다.
ㄷ. 같은 시간 동안 계단을 두 계단씩 올라간다면 같은 높이를 올라가도 일률이 커진다.

① ㄱ   ② ㄴ   ③ ㄱ, ㄴ
④ ㄴ, ㄷ   ⑤ ㄱ, ㄴ, ㄷ

16 일률이 12W인 양수기를 이용하여 물을 6초 동안 10m 높이로 퍼 올렸다. 이때 한 일의 양은?

① 1.2J   ② 6J   ③ 12J
④ 72J   ⑤ 60J

17 그림은 스키장 리프트가 일정한 속력으로 사람을 위로 실어 나르고 있는 것을 나타낸 것이다.

리프트의 일률을 구하기 위해 〈보기〉에서 측정해야 하는 것만을 있는 대로 고른 것은?

┌─────── 〈 보기 〉 ───────┐
ㄱ. 올라간 높이
ㄴ. 사람의 무게
ㄷ. 올라가는 시간
ㄹ. 리프트의 이동 거리
└─────────────────────┘

① ㄱ　　　　② ㄱ, ㄴ　　　　③ ㄴ, ㄷ
④ ㄱ, ㄴ, ㄷ　　　⑤ ㄴ, ㄷ, ㄹ

18 다음 중 퍼텐셜 에너지의 종류가 <u>다른</u> 하나는?

① 활시위를 당겼을 때의 퍼텐셜 에너지
② 트램펄린을 눌렀을 때의 퍼텐셜 에너지
③ 역도 선수가 들어 올린 역기의 퍼텐셜 에너지
④ 팽팽하게 잡아당긴 고무줄의 퍼텐셜 에너지
⑤ 새총을 팽팽하게 당겼을 때의 퍼텐셜 에너지

19 다음 중 운동 에너지를 이용한 것만을 〈보기〉에서 있는 대로 고른 것은?

┌─────── 〈 보기 〉 ───────┐
ㄱ. 수력 발전　　ㄴ. 윈드 서핑
ㄷ. 양궁　　　　ㄹ. 볼링
└─────────────────────┘

① ㄱ, ㄴ　　　　② ㄱ, ㄹ　　　　③ ㄴ, ㄷ
④ ㄴ, ㄹ　　　　⑤ ㄷ, ㄹ

20 다음은 일정한 속력으로 굴러오던 물체가 A점 이후부터 레일의 높이가 바뀌면서 운동이 변하는 모습을 나타낸 그림이다. 각 지점에 대한 설명으로 옳지 <u>않은</u> 것은? (단, 모든 저항과 마찰은 무시한다.)

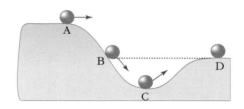

① B와 D의 퍼텐셜 에너지는 같다.
② C에서의 운동 에너지는 최대이다.
③ A에서 역학적 에너지가 가장 크다.
④ C에서 D로 운동하면서 운동 에너지가 퍼텐셜 에너지로 전환된다.
⑤ A에서 B로 운동하면서 퍼텐셜 에너지가 운동 에너지로 전환된다.

창의력 서술

21 물레방아는 높은 곳에 있는 물의 퍼텐셜 에너지를 이용하여 곡식을 빻을 수 있도록 하는 도구이다. 곡식을 더 빨리 빻고 싶다면 물을 어떻게 해야 하는지 서술하시오.

22 무한이가 마찰이 없는 수평면에서 물건이 실린 수레를 일정한 속력으로 밀고 갈 때, 무한이가 물체에 한 일과 중력이 수레에 한 일을 설명해 보시오.

9강. 일의 원리

1. 지레

(1) 지레 : 막대와 받침대를 이용하여 물체를 들어올리는 도구이다.

① 지레의 3요소

받침점	지레를 받쳐 주는 점
힘점	지레에 힘을 주는 점
작용점	지레가 물체에 힘을 주는 점

② 지레의 원리

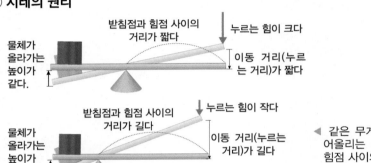

받침점과 힘점 사이의 거리가 짧다

누르는 힘이 크다

물체가 올라가는 높이가 같다.

이동 거리(누르는 거리)가 짧다

받침점과 힘점 사이의 거리가 길다

누르는 힘이 작다

물체가 올라가는 높이가 같다.

이동 거리(누르는 거리)가 길다

◀ 같은 무게의 물체를 들어올리는 경우 받침점과 힘점 사이의 거리가 짧을 때와 길 때의 비교

(2) 지레를 사용할 때의 일

지레를 사용하면 힘에는 이득이 있지만, 물체를 들어올리기 위한 일의 양은 같다.

> 사람이 지레에 한 일 = 지레가 물체에 한 일
> 지레에 작용한 힘 × 힘점이 이동한 거리 = 물체의 무게 × 물체가 올라간 높이

간단실험

지레의 힘점과 받침점 사이의 거리에 따른 지레의 움직임을 관찰해 보자.

① 받침점에서 5cm 되는 위치를 눌러보자.
② 받침점에서 10cm 되는 위치를 눌러보자.
③ 어떤 경우에 잘 눌러지는지 확인해 보자.
⇒ 받침점에서 멀수록 힘을 작게 가해도 눌러진다.

● 지레의 종류와 이용

받침점, 힘점, 작용점의 위치에 따라 3가지로 구분한다.

1종 지레

받침점 힘점
작용점

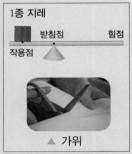

▲ 가위

2종 지레

받침점 힘점
작용점

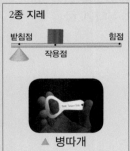

▲ 병따개

3종 지레

받침점 힘점
작용점

▲ 젓가락

 개념확인 1 오른쪽 그림과 같이 지레를 이용하여 무게가 50 N인 물체를 30 cm 들어올렸다. 이때 지레를 누르는 힘이 30 N이라면 힘점이 아래로 이동한 거리는? (단, 지레의 무게와 마찰은 무시한다.)

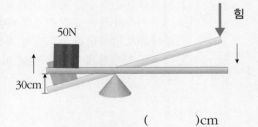

50N

30cm

힘

(   )cm

 확인 +1 오른쪽 그림과 같은 지레에 대한 설명으로 옳은 것은 O표, 옳지 않은 것은 X표 표시하시오.

(1) 지레가 물체에 힘을 주는 점을 작용점이라고 한다. (   )

(2) 받침점과 힘점 사이가 짧을수록 지레를 누르는 힘이 작아진다. (   )

(3) 지레를 사용하여 물체를 들어 올리면 같은 높이까지 물체를 직접 들어 올릴 때보다 일의 양이 줄어든다. (   )

2. 도르래

(1) 도르래 : 도르래의 위치가 고정되어 있는 고정 도르래와 위치가 고정되어 있지 않고, 물체와 함께 움직이는 움직 도르래가 있다.

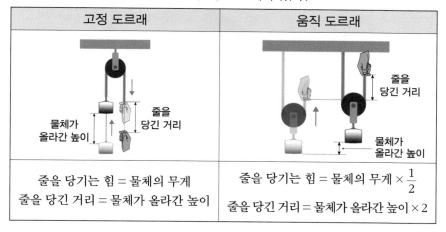

고정 도르래	움직 도르래
줄을 당기는 힘 = 물체의 무게 줄을 당긴 거리 = 물체가 올라간 높이	줄을 당기는 힘 = 물체의 무게 $\times \frac{1}{2}$ 줄을 당긴 거리 = 물체가 올라간 높이 $\times 2$

(2) 도르래를 사용할 때의 일

① **고정 도르래** : 힘의 방향을 바꿔서 물체를 들어올린다.

> 사람이 한 일 = 고정 도르래를 이용하여 물체에 한 일
> 줄을 당기는 힘 × 줄을 당긴 거리 = 물체의 무게 × 물체가 올라간 높이

② **움직 도르래** : 힘을 적게 들여서 물체를 들어 올린다.

> 사람이 한 일 = 움직 도르래를 이용하여 물체에 한 일
> 줄을 당기는 힘 × 줄을 당긴 거리 = (물체의 무게 $\times \frac{1}{2}$) × (물체가 올라간 높이 × 2)

● 도르래의 이용

▲ 리프트

▲ 기중기

▲ 엘리베이터

정답 및 해설 **32 쪽**

개념확인 2
그림과 같이 고정 도르래를 이용하여 무게가 50 N인 물체를 30 cm 들어 올렸다. 줄을 당기는 힘의 크기와 줄을 당긴 거리를 구하시오. (단, 도르래와 줄의 무게 및 마찰은 무시한다.)

50N
30cm

힘의 크기 (   )N
줄을 당긴 거리 (   )cm

확인 +2

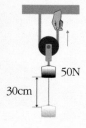
50N
30cm

그림과 같이 움직 도르래를 이용하여 무게가 50 N인 물체를 30 cm 들어 올렸다. 줄을 당기는 힘과 줄을 당긴 거리를 바르게 짝지은 것은? (단, 도르래와 줄의 무게 및 마찰은 무시한다.)

① 25 N, 15 cm   ② 25 N, 30 cm   ③ 25 N, 60 cm
④ 50 N, 15 cm   ⑤ 50 N, 30 cm

미니사전

기중기 [起 일어나다 重 무겁다 機 기계] 무거운 물건을 들어 올려 아래, 위나 수평으로 이동시키는 기계 = 크레인[crane]

3. 빗면

(1) 빗면

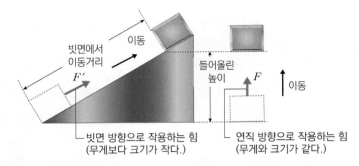

빗면에서 이동거리 F'
이동
들어올린 높이 F 이동

빗면 방향으로 작용하는 힘 (무게보다 크기가 작다.)
연직 방향으로 작용하는 힘 (무게와 크기가 같다.)

(2) 빗면을 사용할 때의 일

빗면을 사용하여 물체를 끌어올리면 빗면을 사용하지 않을 때보다 힘이 적게 들지만 이동하는 거리가 길어진다.

> 빗면을 이용하여 한 일 = 수직으로 들어올릴 때 한 일
> 빗면으로 끌어올리는 힘 × 빗면에서 이동한 거리 = 물체의 무게 × 들어올린 높이

(3) 빗면으로 물체를 끌어올릴 때 기울기에 따른 힘과 이동 거리 : 빗면의 기울기가 클수록 힘은 작아지고 이동 거리는 증가하지만, 각 경우 물체에 한 일의 양은 같다.

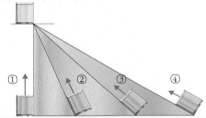

① ② ③ ④

> 힘의 크기 : ① > ② > ③ > ④
> 이동 거리 : ④ > ③ > ② > ①
> 일의 양 : ① = ② = ③ = ④

개념확인 3 다음은 빗면에 대한 설명이다. 괄호 안에 알맞은 말을 〈보기〉에서 골라 순서대로 기호로 쓰시오.

〈 보기 〉
ㄱ. 커진다   ㄴ. 작아진다   ㄷ. 길어진다   ㄹ. 짧아진다

빗면을 사용하여 물체를 끌어올릴 때 빗면의 기울기가 클수록 필요한 힘은 (   ), 이때 이동 거리는 (   ).

확인 +3 다음 그림과 같이 빗면을 이용하여 30 N 의 힘으로 물체를 1m 끌어올렸다. 이때 한 일은?

① 15 J   ② 30 J   ③ 45 J
④ 60 J   ⑤ 75 J

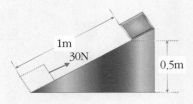

1m
30N
0.5m

4. 일의 원리

(1) 일의 원리 : 지레나 도르래, 빗면 같은 도구를 사용할 때나 사용하지 않을 때나 한 일의 양은 변하지 않는다.

물체를 직접 들 때		지레	빗면
힘	100 N	힘이 100 N 보다 적게 든다.	
이동 거리	1 m	이동 거리가 1m 보다 길다.	
일의 양	100 J	일의 양은 같다.(100 J)	

물체를 직접 들 때		고정 도르래	움직 도르래
힘	100 N	100 N	50 N
이동 거리	1 m	1 m	2 m
일의 양	100 J	일의 양은 같다.(100 J)	

정답 및 해설 **32 쪽**

생각해보기★★
도구를 사용하거나 사용하지 않거나 일의 양이 같다면 왜 도구를 사용하는 것일까?

개념확인 4

다음은 도구를 사용할 때의 일에 대한 설명이다. 괄호 안에 들어갈 알맞은 말을 〈보기〉에서 골라 기호로 넣으시오.

───── 〈 보기 〉─────
ㄱ. 크다   ㄴ. 작다   ㄷ. 같다
ㄹ. 힘   ㅁ. 일의 원리   ㅂ. 힘의 방향

> 도구를 사용하거나 사용하지 않을 때나 일의 양은 (   ).
> 이를 (   )라고 한다. 그럼에도 도구를 사용하는 이유는 (   )이 적게
> 들거나 (   )을 바꿀 수 있기 때문이다.

확인 +4

도구를 사용할 때의 일에 대한 설명으로 옳은 것은?

① 도구를 사용하면 일의 양이 줄어든다.
② 고정 도르래를 사용하면 힘이 적게 든다.
③ 지레를 사용하면 힘의 이득은 없지만, 이동 거리는 짧아진다.
④ 도구를 사용할 때 힘의 이득이 있으면 이동 거리는 길어진다.
⑤ 빗면의 기울기가 클수록 힘은 적게 들고, 이동 거리는 길어진다.

01
그림과 같이 지레에 300 N의 힘을 가해서 3m 를 눌렀다. 이때 물체가 2 m 올라갔다면 물체의 무게는?

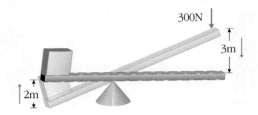

① 150 N   ② 300 N   ③ 450 N   ④ 600 N   ⑤ 900 N

02
그림과 같이 고정 도르래를 이용하여 무게가 200 N의 물체를 4 m 들어 올렸다. 이에 대한 설명으로 옳은 것은? (단, 줄의 무게와 마찰은 무시한다.)

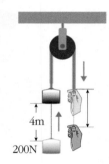

① 줄을 당긴 거리는 8 m이다.
② 도르래가 한 일의 양은 200 J이다.
③ 줄을 당긴 힘의 크기는 200 N이다.
④ 도르래를 사용하지 않을 때와 힘의 방향이 같다.
⑤ 도르래를 사용하지 않을 때보다 일의 양이 많다.

03
그림과 같이 움직 도르래를 이용하여 무게가 180 N인 물체를 들어 올렸다. 이때 줄을 당기는 힘의 크기는? (단, 도르래와 줄의 무게 및 마찰은 무시한다.)

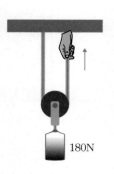

① 90 N   ② 180 N   ③ 270 N   ④ 360 N   ⑤ 450 N

04 그림과 같이 빗면을 이용하여 빗면 방향으로 물체를 2 m 끌어올렸다. 물체에 한 일의 양이 400 J이었다면 이때 필요한 힘의 크기는?

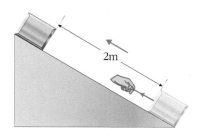

① 100 N   ② 200 N   ③ 300 N   ④ 400 N   ⑤ 500 N

05 도구와 이용되는 예가 바르게 짝지어지지 <u>않은</u> 것은?

① 지레 - 가위

② 도르래 - 리프트

③ 도르래 - 크레인

④ 빗면 - 나사못

⑤ 지레 - 도끼

06 일의 원리와 관련된 설명으로 옳은 것은?

① 어떤 도구를 사용하더라도 도구를 사용하지 않을 때보다 힘이 덜 든다.
② 어떤 도구를 사용하더라도 도구를 사용하지 않을 때와 일의 양은 같다.
③ 도구를 사용하면 힘의 이득을 얻지 못하더라도 일의 이득을 얻는 경우가 있다.
④ 어떤 도구를 사용하더라도 도구를 사용하지 않을 때와 물체의 이동 거리는 같다.
⑤ 어떤 도구를 사용하더라도 도구를 사용하지 않을 때보다 물체의 이동 거리가 짧다.

[유형 9-1] 지레

그림과 같은 지레를 이용하여 무게가 100 N인 물체를 0.5 m 들어 올렸다. 이때 지레가 물체에 한 일의 양은?

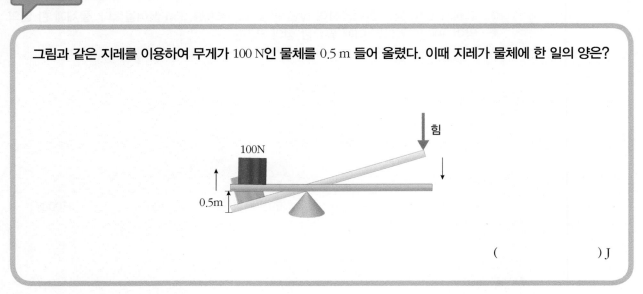

(   ) J

Tip!

01 그림과 같이 누르고 있던 지레에서 손을 떼었더니 질량이 5 kg인 물체가 20 cm 내려갔다. 이때 지레가 올라간 길이가 70 cm 였다면 누르고 있던 힘의 크기는?(단, 질량 1 kg의 무게는 9.8 N이다.)

① 5 N   ② 7 N   ③ 14 N   ④ 21 N   ⑤ 35 N

02 그림과 같이 무게가 100 N인 캥거루와 50 N인 토끼가 시소를 타고 있다. 이때 캥거루 쪽으로 시소가 기울어져서 멈추어 있는 상태이다. 이에 대한 설명으로 옳지 않은 것은? (단, 받침점은 시소의 중심에 놓여 있다.)

① 토끼가 지레에 한 일은 0이다.
② 시소는 지레를 이용한 놀이 기구이다.
③ 받침점을 토끼 쪽으로 옮겨 가면 균형을 맞출 수 있다.
④ 만일 캥거루가 10 cm 내려갔다면 캥거루가 시소에 한 일은 10 J이다
⑤ 무게가 50 N인 다른 토끼 한마리가 토끼 쪽에 앉으면 균형이 맞는다.

[유형 9-2]
도르래

그림과 같이 움직 도르래를 이용하여 질량 20 kg인 물체를 5 m 들어
올렸다. 이때 줄을 당기는 힘의 크기와 잡아당긴 줄의 길이를 바르게
짝지은 것은? (단, 도르래와 줄의 무게 및 마찰은 무시하고, 질량 1 kg
인 물체의 무게는 9.8 N이다.)

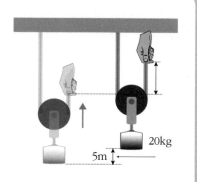

① 20 N, 5 m   ② 98 N, 5 m   ③ 98 N, 10 m
④ 196 N, 5 m   ⑤ 196 N, 10 m

03 그림과 같이 움직 도르래를 이용하여 무게가
200 N인 물체를 4 m 들어올렸다. 이에 대한 설명
으로 옳은 것은? (단, 줄의 무게와 마찰은 무시한
다.)

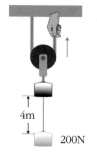

① 줄을 당긴 거리는 2 m이다.
② 도르래가 한 일의 양은 800 J이다.
③ 줄을 당긴 힘의 크기는 400 N이다.
④ 도르래를 사용하지 않을 때보다 일의 양이 크다.
⑤ 물체를 들어올리기 위해 도르래를 사용하지 않을 때와 힘의 방향이 반
대이다.

Tip!

04 다음 그림과 같이 고정 도르래를 이용하여 무게
가 100 N인 물체를 1 m 들어올렸다. 이때 사람
이 줄을 당기는 힘의 크기와 일의 양이 바르게
짝지어진 것은? (단, 줄의 무게와 마찰은 무시한
다.)

	힘의 크기	일의 양		힘의 크기	일의 양
①	100 N	100 J	②	100 N	200 J
③	200 N	200 J	④	200 N	400 J
⑤	400 N	400 J			

[유형 9-3] 빗면

다음 그림과 같이 마찰이 없는 빗면을 이용하여 200 N의 힘으로 물체를 2m 끌어올렸다. 이때 빗면의 가장 높은 높이는 0.5m이다. 물체의 무게는?

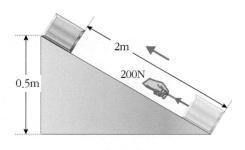

① 100 N   ② 200 N   ③ 400 N   ④ 800 N   ⑤ 1,600 N

Tip!

05 그림과 같이 마찰이 없는 경사면을 이용하여 300 N의 힘으로 물체를 끌어올렸다. 이때 물체의 무게는 500 N이고 경사면의 높이는 3 m이다. 물체가 이동한 거리는?

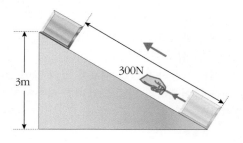

① 3 m   ② 4 m   ③ 5 m   ④ 6 m   ⑤ 7 m

06 그림과 같이 빗면을 이용하여 무게가 같은 물체를 끌어올릴 때의 설명으로 옳지 <u>않은</u> 것은?

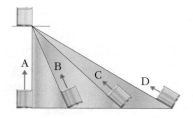

① A ~ D의 한 일은 모두 같다.
② A의 이동 거리가 가장 짧다.
③ B와 C의 힘의 크기는 같다.
④ D가 가장 적은 힘이 필요하다.
⑤ A의 힘의 크기와 물체의 무게는 같다.

[유형 9-4] 일의 원리

그림과 같이 여러 가지 도구를 사용하여 무게가 w 인 물체를 높이 h 만큼 들어올렸다. 이에 대한 설명으로 옳은 것은? (단, 도구의 무게와 마찰은 무시한다.)

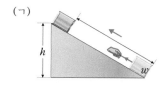
(ㄱ)

(ㄴ)

(ㄷ)

① (ㄱ)에서 물체가 이동한 거리는 h이다.
② (ㄴ)에서 받침점과 힘점 사이를 가까이할수록 누르는 힘이 작아진다.
③ (ㄷ)에서 줄을 당기는 힘은 물체의 무게보다 작다.
④ (ㄱ) ~ (ㄷ)에서 모두 일의 이득이 없다.
⑤ (ㄱ) ~ (ㄷ)에서 모두 힘의 이득이 없다.

07 지레, 빗면, 움직 도르래와 같은 도구를 이용하여 일을 할 때의 공통점에 대한 설명만을 〈보기〉에서 있는 대로 고른 것은?

─── 〈 보기 〉 ───
가. 더 작은 힘으로 일을 한다.
나. 움직인 물체의 이동 거리가 더 짧아진다.
다. 도구의 종류에 상관없이 일의 양은 모두 같다.

① 가   ② 가, 나   ③ 가, 다
④ 나, 다   ⑤ 가, 나, 다

Tip!

08 〈보기〉의 도구들 중 도구를 사용할 때와 사용하지 않을 때의 힘의 크기가 같은 도구를 모두 고른 것은?

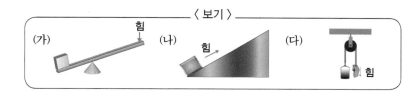
〈 보기 〉
(가)   힘   (나)   힘   (다)   힘

① (가)   ② (나)   ③ (다)
④ (가), (나)   ⑤ (가), (나), (다)

01 다음 사진은 세계 복합유산으로 지정된 메테오라 수도원이다. '메테오라'는 그리스어로 '공중에 떠 있는 수도원'이라는 뜻이다. 이곳은 접근하기 어려운 사암 봉우리로 이루어져 있으며 11세기부터 수도사들이 정착하기 시작하였다. 현재 메테오라는 경사로를 이용하여 사람이나 차가 이동할 수 있지만 초기에는 도르래를 이용하여 사람이나 물자를 이동시켰다고 한다.

▲ 그리스의 메테오라 수도원

(1) 다음 그림 (가)와 같이 움직 도르래 1개와 고정 도르래 1개를 사용하면 힘의 방향을 바꿔서 물체 무게의 절반 만큼의 힘으로 물체를 들어 올릴 수 있다. 이러한 도르래를 복합 도르래라고 한다. 복합 도르래에서 움직 도르래의 개수가 증가할 때마다 힘의 크기는 반으로 줄어든다. 그렇다면 그림 (나)와 같은 복합 도르래에서 물체의 무게가 200N이라면 들어 올리는데 필요한 힘의 크기(F)는 얼마일까?

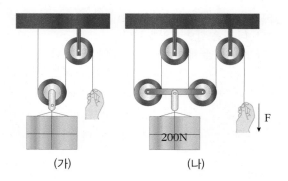

(가)　　　　(나)

(2) 몸무게가 400 N인 사람이 그림과 같이 도르래를 이용하여 자신이 타고 있는 수레를 수도원 꼭대기에 올리려고 한다. 그렇다면 이 사람이 수도원에 올라가기 위해서는 얼마의 힘으로 줄을 아래 방향으로 잡아당겨야 할지 구해 보시오. 또, 100N의 힘으로 잡아당길 때 위로 올라가기 위한 방법을 제시하시오.(단, 도르래와 수레, 줄의 무게는 무시한다.)

02 우주 정거장에는 전지나 부품을 교체하는 작업을 대신하기 위해 로봇 '덱스터 (Dextre)'가 설치되었다. '덱스터(Dextre)'는 두 개의 팔이 달려 있는데, 각기 7개의 관절을 가진 한 쪽 팔에는 카메라와 렌치, 조명 장치가 갖춰져 있다. 이 로봇은 우주 인들의 작업을 도와 위험이 따르는 우주 유영의 횟수를 줄여주는 데 도움이 된다고 한다.

(1) 로봇 덱스터는 사람의 팔을 본따서 지레의 원리를 적용하여 만들었다고 한다. 물 체를 들고 있는 팔을 나타낸 다음 그림에 지레의 3요소를 표시해 보시오.

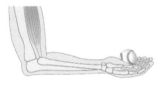

(2) 팔 이외에 우리 몸에 적용되고 있는 도구의 원리에 대하여 1가지 이상 서술해 보시오.

03 바빌론의 공중정원은 기원전 500년 경 신바빌로니아 왕국에 건설된 것으로 '공중정원'이라는 명칭은 계단식 발코니 위에 식물을 심어 놓은 모습이 마치 공중에 매달려 있는 것처럼 보였기 때문에 그런 이름이 붙여졌다고 한다. 공중정원의 각 테라스에는 엄청난 양의 흙을 쏟아부어 만든 정원이 있었고, 여기에는 다양한 식물들이 심어져 있었다.

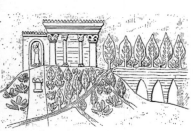

▲ 공중정원의 고대인들의 개념도

바빌론의 공중정원은 전체 높이가 25m인데 5단의 계단으로 나누어 테라스를 만들었고 테라스마다 수목과 꽃을 심었다. 하지만 공중정원이 위치한 곳은 비가 잘 오지 않는 건조한 사막 지역이어서 멀리 떨어져 있는 유프라테스 강에서 물을 끌어왔지만 동력 시설이 없는 그 시절에 어떻게 물을 높은 곳까지 끌어올렸는지는 가설만이 남아 있다. 그 가설 중 하나가 아르키메데스의 물달팽이(펌프)를 이용한 것이다. 다음 그림은 아르키메데스의 물달팽이(펌프)의 속 구조를 나타낸 것이다. 여기에 적용된 도구의 원리에 대하여 설명해 보시오.

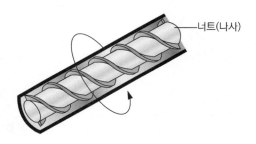

너트(나사)

▲ 아르키메데스 물달팽이(펌프)

04 골드버그 장치(Goldberg machine)란 생김새나 작동 원리는 매우 복잡하고, 거창한 데 그에 따른 일은 아주 단순한 기계를 말한다. 미국의 만화가 루브 골드버그(Rube Goldberg, 1883~1970)가 너무 많은 기계 장치 속에서 살아가는 현대인의 번잡한 일상을 풍자한 만화 속에서 시작되었다. 현재는 세계 각지에서 골드버그 장치 콘테스트들이 열린다.

▲ 루브 골드버그의 만화

▲ 골드버그 장치 콘테스트

오른쪽 그림 속 골드버그 장치에 사용된 도구들을 찾아서 어떻게 이용되고 있는지 설명해 보시오.

01 지레에 대한 설명으로 옳은 것은 O표, 옳지 않은 것은 X표 하시오.

(1) 지레가 물체에 힘을 주는 점을 작용점이라고 한다. ( )

(2) 지레를 사용하면 이동 거리가 짧아진다. ( )

(3) 받침점과 힘점 사이의 거리가 짧을수록 지레를 누르는 힘의 크기가 커진다. ( )

02 도르래에 대한 설명으로 옳은 것은 O표, 옳지 않은 것은 X표 하시오.

(1) 도르래를 사용하면 일의 양이 줄어든다. ( )

(2) 고정 도르래를 사용하면 물체를 들어올리기 위해 작용하는 힘의 방향만 바뀐다. ( )

(3) 움직 도르래 1개를 사용하면 들어올린 물체의 무게의 절반 크기에 해당하는 힘이 든다. ( )

03 빗면에 대한 설명으로 옳은 것은 O표, 옳지 않은 것은 X표 하시오.

(1) 빗면을 사용하여 물체를 끌어올리면 빗면을 사용하지 않을 때보다 힘이 적게 든다. ( )

(2) 빗면의 기울기가 작을수록 더 큰 힘이 필요하다. ( )

(3) 빗면의 기울기가 작을수록 이동 거리가 짧다. ( )

04 다음 괄호 안에 알맞은 말을 순서대로 쓰시오.

> 지레나, 도르래, 빗면 같은 도구를 사용할 때나 사용하지 않을 때나 (   )의 양은 변하지 않는다. 이것을 (   )(이)라고 한다.

05 다음은 지레를 나타낸 그림이다. 각 번호에 해당하는 지레의 3요소를 각각 쓰시오.

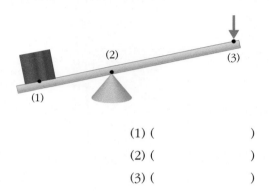

(1) (   )
(2) (   )
(3) (   )

06 다음 괄호 안에 알맞은 말을 순서대로 쓰시오.

> 고정 도르래를 사용하여 물체를 들어 올리면 도구를 사용하지 않을 때와 힘의 크기와 이동 거리가 (   ).
>
> 움직 도르래 1개를 사용하면 물체의 무게의 (   ) 만큼의 힘이 들고, 줄을 당긴 거리는 물체가 올라간 거리의 (   )이다.

07 다음 그림은 기울기가 다른 빗면을 따라 물체를 끌어올리는 것을 나타낸 것이다. 각 경우의 힘의 크기와 이동 거리를 큰 순서대로 기호를 쓰시오.

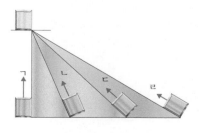

(1) 힘의 크기 : (   ) > (   ) > (   ) > (   )
(2) 이동 거리 : (   ) > (   ) > (   ) > (   )

[08~10] 다음 〈보기〉는 실생활에서 사용되고 있는 다양한 도구들이다. 물음에 답하시오.

> ─── 〈 보기 〉───
> ㄱ. 집게   ㄴ. 젓가락   ㄷ. 리프트
> ㄹ. 가위   ㅁ. 거중기   ㅂ. 나사못
> ㅅ. 국기 계양대   ㅇ. 엘리베이터
> ㅈ. 장애인과 노약자를 위한 경사로

08 지레의 원리가 이용된 도구를 〈보기〉에서 <u>모두</u> 고르시오.

09 도르래의 원리가 이용된 도구를 〈보기〉에서 <u>모두</u> 고르시오.

10 빗면의 원리가 이용된 도구를 〈보기〉에서 <u>모두</u> 고르시오.

11 다음 그림과 같이 지레를 사용하여 200 N의 물체를 30 cm 들어 올렸다. 이에 대한 설명으로 옳은 것은?

① 지레가 물체에 한 일은 600 J이다.
② 지레를 사용하면 일의 이득이 있다.
③ 만약 지레를 60 cm 눌렀다면 이때 드는 힘은 100 N이다.
④ 같은 물체를 지레 없이 들어 올린다면 100 N의 힘이 필요하다.
⑤ 받침점을 물체 방향으로 조금 더 옮긴다면 힘이 더 많이 들 것이다.

12 오른쪽 그림은 집게이다. 이에 대한 설명으로 옳은 것은?

① ㄱ은 받침점이다.
② ㄴ은 작용점이다.
③ ㄷ은 힘점이다.
④ 가위와 같은 원리를 이용한 도구이다.
⑤ ㄱ과 ㄴ 사이가 길수록 힘이 많이 든다.

13 다음 그림은 지레 위에 바위가 놓여져 있는 모습이다. 이때 지레를 210 N의 힘으로 70 cm 눌렀더니 바위가 50 cm 올라가면서 수평이 만들어졌다. 바위의 질량은?(단, 질량 1 kg인 물체의 무게는 9.8 N이다.)

① 10 kg   ② 20 kg   ③ 30 kg
④ 40 kg   ⑤ 50 kg

14 다음 그림은 무게가 100 N인 물체를 2 m 높이까지 올리는 3가지 경우를 각각 나타낸 것이다. 이에 대한 설명으로 옳은 것은?

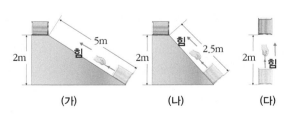

① (가)의 힘의 크기가 가장 크다.
② (나)의 힘의 크기는 100 N이다.
③ (나)에서 한 일의 양은 250 J이다.
④ (다)의 힘의 크기는 100 N보다 크다.
⑤ (가)~(다)에서 한 일의 양은 모두 같다.

15 다음 그림과 같이 무게가 각각 300 N으로 같은 물체 A와 B를 5 m 높이 위로 각각 끌어올렸다. 이에 대한 설명으로 옳은 것은?

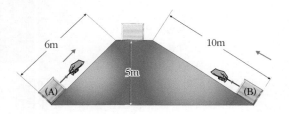

① A 물체를 끌어올리는 데 한 일은 1,800 J이다.
② B 물체를 끌어올리는 데 한 일은 1,500 J이다.
③ 빗면을 사용하지 않고 물체를 들어 올릴 때 더 적은 힘이 든다.
④ B 물체를 끌어올릴 때에는 A 물체를 끌어올릴 때보다 더 큰 힘이 필요하다.
⑤ 빗면의 경사각과는 상관없이 무게가 같은 물체를 끌어올리는데 필요한 힘의 크기는 같다.

16 다음 그림과 같이 마찰이 없는 빗면에서 무게가 50 N인 물체를 높이가 5 m인 곳까지 끌어올리는데 25 N의 힘이 들었다. 이때 경사면의 길이는?

① 5 m ② 10 m ③ 15 m
④ 20 m ⑤ 25 m

17 다음 그림과 같이 도르래를 이용하여 무게가 70 N인 물체를 2 m 끌어올렸다. 이에 대한 설명으로 옳지 <u>않은</u> 것은?

① 손은 2 m 내려갔다.
② 70 N의 힘이 필요하다.
③ 사람이 한 일은 140 J이다.
④ 고정 도르래를 이용하였다.
⑤ 도르래를 이용하여 물체에 한 일은 70J이다.

18 다음 그림과 같이 두 종류의 도르래를 이용하여 무게가 50 N인 물체를 각각 2 m 들어 올렸다. 이에 대한 설명으로 옳은 것은?

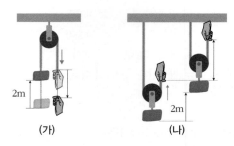

(가)   (나)

① (가)에서 사람이 한 일은 100 J이다.
② (나)에서 사람이 줄을 당긴 거리는 2 m이다.
③ (가)에서 사람이 잡아당긴 힘의 크기는 25 N이다.
④ (나)에서 사람이 잡아당긴 힘의 크기는 50 N이다.
⑤ 두 도르래를 이용하여 물체에 한 일의 양은 다르다.

19 그림과 같이 고정 도르래와 움직 도르래를 이용하여 같은 무게의 물체를 각각 들어올렸다. 이때 (가)와 (나)에서 사람이 한 일의 양이 각각 같았다. 다음 중에서 (가)와 (나)를 비교했을 때 같은 크기를 가지는 것을 모두 고르시오.

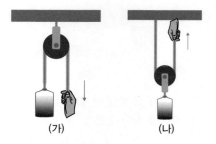

(가)   (나)

① 물체가 올라간 높이
② 도르래의 이동 거리
③ 사람이 줄을 당긴 힘
④ 사람이 줄을 당긴 거리
⑤ 도르래를 이용하여 물체에 한 일

20 도구에 대한 설명으로 옳은 것은?

① 도구를 사용해도 힘의 이득은 없다.

② 빗면을 사용할 때 빗면의 기울기가 클수록 적은 힘이 든다.

③ 움직 도르래를 사용할 때 일의 양은 같고, 힘의 방향만 바꿀 수 있다.

④ 지레를 사용할 때 받침점과 힘점 사이의 거리가 길수록 적은 힘이 든다.

⑤ 고정 도르래를 사용할 때 물체가 올라간 높이의 $\frac{1}{2}$만큼만 줄을 당기면 된다.

창의력 서술

21 다음 그림은 물체를 들고 있는 팔을 나타낸 것으로 사람의 팔은 지레에 해당한다. 사람의 팔이 지레이기 때문에 가질 수 있는 장점을 설명해 보시오.

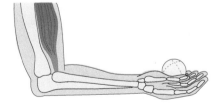

22 다음 그림은 아르키메데스의 물달팽이(물펌프)이다. 물달팽이를 통하여 물이 상승하게 되는데, 적은 힘으로 물이 더 잘 올라가게 하기 위해서는 물달팽이의 각 부분을 어떻게 변화시켜야 할지 서술하시오.

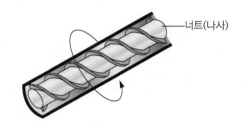

너트(나사)

신 · 재생 에너지

▲ 수소 에너지

▲ 풍력 에너지

신에너지와 재생 에너지를 함께 일컬어 신·재생 에너지라고 한다. 신에너지는 수소 , 연료 전지 등과 같이 새롭게 등장한 에너지 수단이며, 재생 에너지는 태양, 물, 지열, 바람 등과 같이 자연에 존재하는 에너지로 무한히 공급되는 특징을 가진다. 신·재생 에너지에는 핵융합 에너지, 연료 전지, 수소 에너지, 바이오 에너지 등이 있다.

핵융합 에너지는 같은 핵에너지를 이용하는 원자력 발전과는 반대의 개념으로 볼 수 있다. 원자력 발전이 한 원소의 핵을 분열시켜 에너지를 얻는 반면, 핵융합 에너지는 두 원소의 핵을 융합하여 에너지를 얻는다. 핵분열이 일어날 때에는 여러 안전 문제가 발생하지만 핵융합이 일어날 때에는 방사성 폐기물이 배출되지 않아 미래의 청정 에너지로 기대되고 있다.

핵융합 에너지의 모델은 태양이다. 즉, 태양 안에서 일어나고 있는 핵융합 과정과 동일하게 만들어 지는 에너지, 즉 태양 에너지를 만들어 내는 발전이라고 할 수 있다.

핵융합은 가장 효율이 높은 반응으로 인류가 지금까지 알아낸 어떤 반응도 핵융합보다 많은 에너지를 생산해 내지 못한다. 핵분열 반응을 이용해 에너지를 얻는 원자력 발전보다 에너지 효율이 훨씬 높다.

쉬운 예를 들면, 핵융합 에너지에 쓰이는 중수소는 바닷물 1리터당 0.03g이 들어 있는데, 이 양만 가지고도 300리터의 휘발유와 같은 에너지를 낼 수 있다.

Q1 신 · 재생 에너지의 종류에는 어떤 것이 있으며, 이러한 에너지가 필요한 이유를 서술해 보시오.

연료 전지는 수소와 산소를 전기 화학적으로 반응시켜 나오는 에너지를 전기 에너지로 변환하는 장치로 이 과정에서 물이 배출된다. 연료 전지는 에너지 효율이 좋고, 공해 물질의 배출이 없다는 장점이 있다. 활용이 기대되는 분야는 수소연료전지 버스이며, 점차 활용 범위가 확대될 것이다.

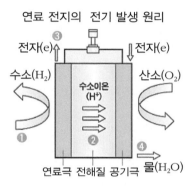

▲ **연료 전지의 전기 발생 원리**

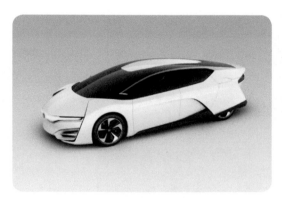

▲ **수소 연료 전지 차**

바이오 에너지의 대상이 되는 자원으로는 포플러·버드나무·아카시아 등의 나무, 사탕수수·고구마·강냉이 등의 식물, 그리고 수생식물·해조류·광합성 세균 등이 있다. 각종 농수산 폐기물·산업폐기물·도시 쓰레기 등도 직접 또는 변환하여 연료화할 수 있다.

바이오 에너지는 저장할 수 있고, 재생이 가능하며, 물과 온도 조건만 맞으면 지구 어느 곳에서나 얻을 수 있고, 적은 자본으로도 개발이 가능하며, 원자력 등 다른 에너지와 비교할 때 환경보전적으로 안전하다. 그러나 바이오 에너지를 얻기 위해 넓은 면적의 경작지가 필요하며, 나라마다 식물 자원이 차이가 나는 단점이 있다.

브라질·캐나다·미국 등에서는 알코올을 이용한 바이오 에너지 공급량이 이미 원자력에 맞먹는 수준에 도달해 있다. 인도네시아·일본도 상당한 수준의 바이오 에너지 기술을 갖고 있다. 한국에서는 대체 에너지 기술 개발 사업으로 바이오 에너지에 대한 연구가 진행되고 있으며, 보급이 많이 늘어날 것으로 전망된다.

▲ **바이오 에너지 자원**

▲ **바이오 에너지 공장**

Q2 우리나라에서 개발 가능한 바이오 에너지는 무엇이 있을지 서술해 보시오.

Project 3 - 탐구

준비물 자(30cm) 2개, 용수철 저울, 양팔 저울, 추, 스탠드

실험 과정

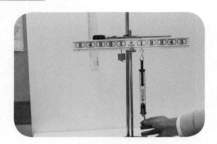

① 지레(양팔 저울)의 중심을 고정하고 왼쪽 10 cm 되는 곳에 추를 매달고 오른쪽 10 cm 되는 곳에 용수철 저울을 매단 후, 수평 상태가 되도록 용수철 저울을 잡아당긴다.

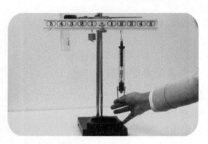

② 용수철 저울을 잡아당겨 추가 옆에 고정된 자의 눈금으로 5cm 올라가도록 한 후, 용수철 저울의 눈금을 읽고 용수철 저울을 잡아당긴 거리를 계산한다.

③ 추는 그대로 두고 용수철 저울을 오른쪽으로 10cm씩 옮기면서 같은 과정을 반복한다.

④ 각 경우 왼쪽의 추의 무게가 한 일과 오른쪽의 사람이 한 일을 계산하여 비교한다.

탐구 결과

중심에서 용수철저울까지 거리	1	2	3	4	5
용수철 저울의 눈금(N)					
용수철 저울을 잡아당긴 거리(m)					
사람이 한 일의 양(J)					
추의 무게가 한 일의 양 (추의 무게×추가 올라간 거리)	추의 무게 : ( )N　　추가 올라간 높이 : ( ) m 추의 무게가 한 일 : ( )J				

[탐구-2] 빗면을 사용할 때의 일의 양

준비물 자(50cm), 실험용 수레(물체), 용수철 저울, 빗면

실험 과정

① 물체(수레)를 용수철 저울에 연결하여 정한 높이 만큼 들어올리면서 용수철 저울의 눈금을 읽는다.

② 빗면으로 같은 물체를 같은 높이까지 들어올리면서 용수철 저울의 눈금과 빗면의 길이를 잰다.

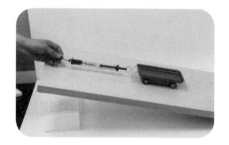

③ 빗면의 기울기를 작게 하고 실험을 반복한다.

④ 각 경우 일을 계산하여 비교한다.

탐구 결과

	수레를 수직으로 들어올릴 때	수레를 빗면 위에서 들어올릴 때	기울기가 작은 빗면 위에서 들어올릴 때
용수철 저울의 눈금(N)			
수레가 올라간 높이 또는 수레가 이동한 빗면의 길이(m)			
사람이 한 일의 양(J)			

Project 3 - 탐구

탐구 문제

[탐구-1] 지레를 사용할 때의 일의 양

1. [탐구-1]에서 용수철 저울을 되도록 천천히 당겨야 한다. 그 이유는 무엇일까?

2. [탐구-1]에서 사람이 한 일과 추의 무게가 한 일은 서로 같다고 할 수 있을까?

3. 물체를 밀 때 긴 거리를 힘을 적게 들이고 미는 것과 짧은 거리를 힘을 많이 주고 미는 것을 비교
하면 물체에 해주는 일은 (같다 다르다). 이것이 일의 원리이다.

[탐구-2] 빗면을 사용할 때의 일의 양

4. [탐구-2]에서 물체를 수레로 하면 편리하다. 그 이유를 설명하시오.

5. 빗면을 가파르게 해서 물체를 끌어올리는 경우가 더 편리한 경우도 있다. 어떠한 점이 편리하겠
는가?

〈 문제 해결력 키우기 〉

6. 다음 글을 읽고 물음에 답하시오.

롤러 코스터 (Roller coster)

오늘날 놀이동산에서 가장 인기 있는 놀이 기구들 가운데 하나인 롤러코스터(roller coasters)는 16세기와 17세기 사이에 러시아에서 인기를 모았던 거대한 얼음 미끄럼 타기에서 그 유래를 찾을 수 있다. 20미터 이상의 높이로 가파르게 우뚝 솟아 얼음으로 반들거리는 목재 미끄럼틀에서 나무토막이나 얼음조각을 탄 사람들이 미끄러져서는 모래를 쌓아 놓은 곳에 멈추어 섰다.

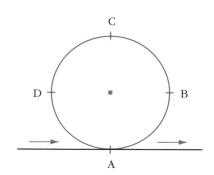

왼쪽 그림은 놀이 공원 등에 설치되어 있는 롤러코스터와 레일이다. 롤러코스터는 회전할 때 아래로 떨어지지 않게 설계되며 원궤도를 그리며 운동한다. 오른쪽 그림은 롤러코스터를 원으로 표현했을 때의 각 부분의 위치를 기호로 나타낸 것이다.

롤러코스터와 레일 간에 마찰이 없다고 가정할 때 다음 설명 중 옳은 것을 모두 고르고, 그 이유를 서술하시오.

① A점에서 운동 에너지는 C점보다 크다.
② 롤러코스터의 역학적 에너지가 가장 큰 곳은 C점이다.
③ 롤러코스터가 A점으로 진입하였을 때의 속력이나 한 바퀴 돌아 나갈 때의 속력은 같다.

무한 상상하는 법

1. 고개를 숙인다.
2. 고개를 든다.
3. 뛰어간다.
4. 무한상상한다.

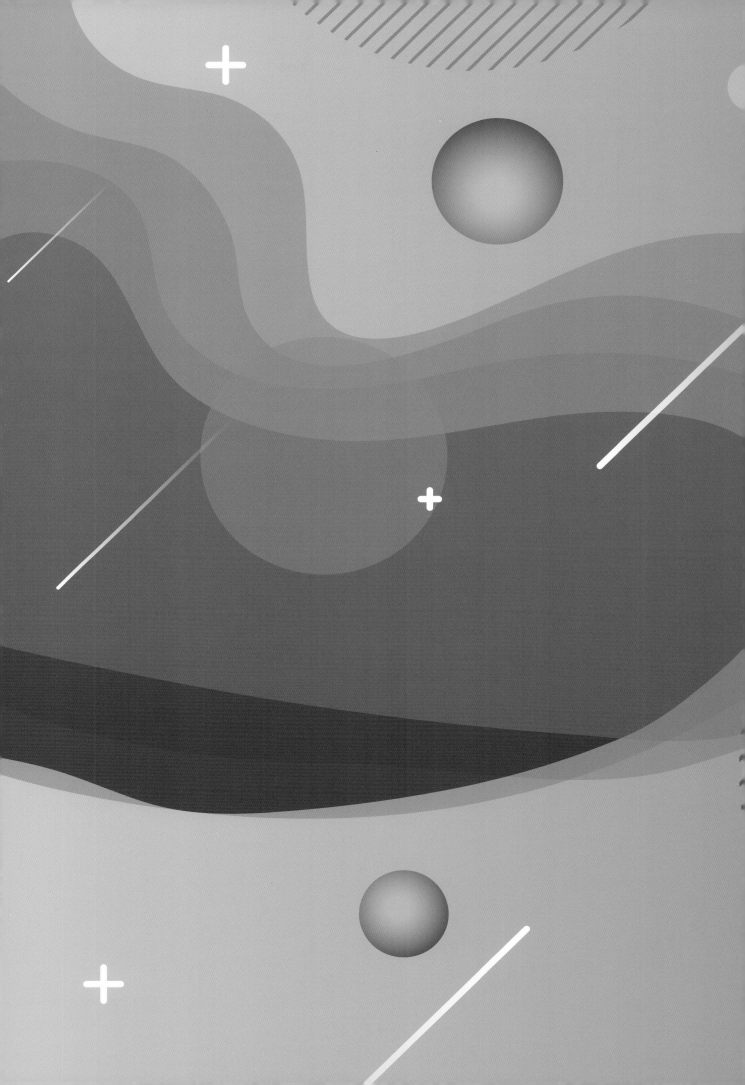

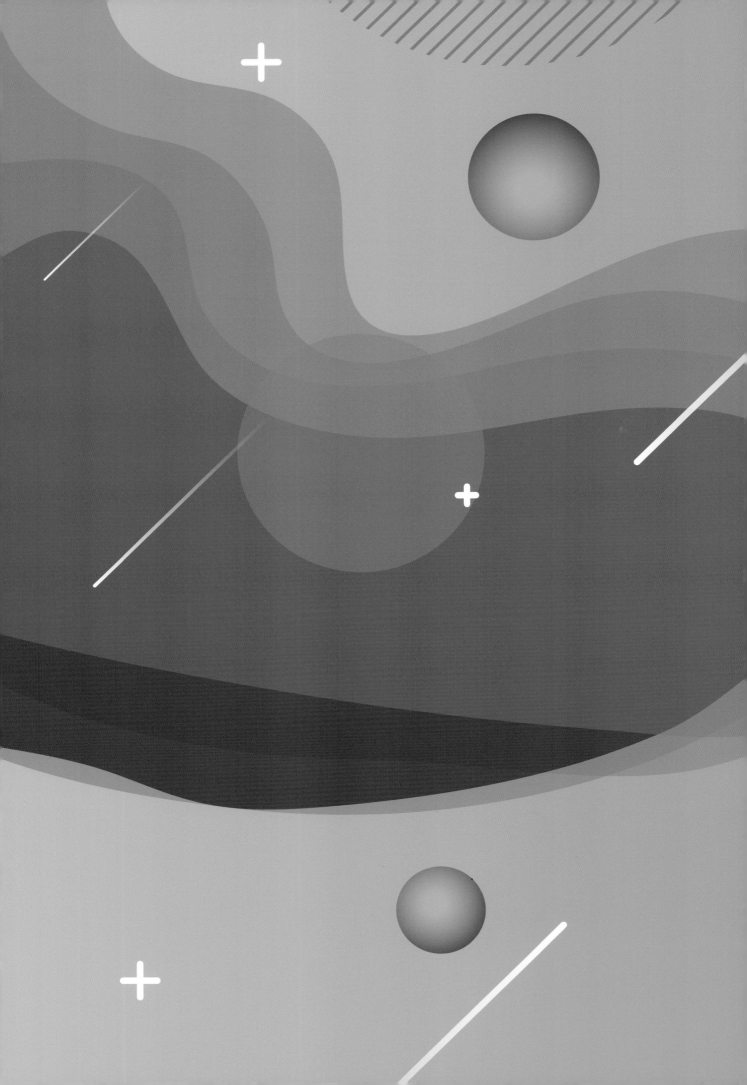

창 의 력 과 학

세페이드

개정판

1F. 물리학(상)

정답과 해설

윤찬섭
무한상상 과학교육 연구소

무한상상

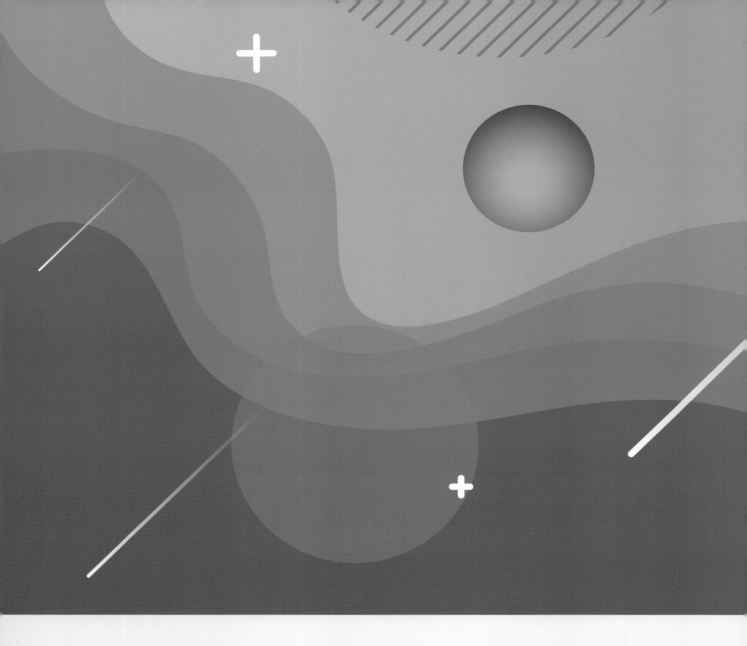

세페이드 Ⅰ 변광성은
지구에서 은하까지의
거리를 재는 기준별이
며 우주의 등대라고 불
린다.

사람은 누구나 창의적이랍니다.
창의력 과학의 세계로 오심을 환영합니다!

창의력과학

세페이드

1F. 물리학(상) 개정판
정답과 해설

윤찬섭
무한상상 과학교육 연구소

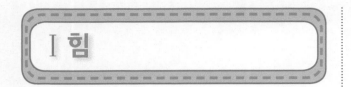

I 힘

1강. 힘의 합성과 평형

1. 답 ④, ⑤

해설 ① [바로 알기] 힘의 3요소는 크기, 방향, 작용점이다.
② [바로 알기] 힘의 단위는 N, kgf을 사용한다.
③ [바로 알기] 화살표의 꼬리 부분이 작용점이다.

2. 답 10 N

해설 두 마리가 같은 방향으로 힘을 작용하고 있기 때문에 두 힘의 크기를 더한 것이 힘의 합력의 크기이다. 그러므로 5 N + 5 N = 10 N이다.

1. 답 ④

해설 ① [바로 알기] 1칸은 2 N의 힘에 해당하므로 힘의 크기는 4 N이다.
② [바로 알기] 힘의 방향은 북쪽이다.
③ [바로 알기] 화살표의 길이는 힘의 크기, 화살표의 방향은 힘의 방향을 나타낸다.
⑤ [바로 알기] 2 N의 힘을 1 cm로 나타냈기 때문에 힘의 크기가 10 N이면 화살표의 길이는 5 cm로 나타난다.

2. 답 ①, ④

해설 ①, ② 반대 방향으로 작용하는 두 힘의 합력의 크기는 큰 힘에서 작은 힘을 뺀 값이다. 그러므로 6 N − 3 N = 3 N이다.
③, ④ 반대 방향으로 작용하는 두 힘의 합력의 방향은 큰 힘의 방향과 같다. 그러므로 B쪽이다.
⑤ [바로 알기] 두 힘의 합력에 의해 인형은 더 큰 힘의 방향인 B쪽으로 운동한다.

3. 답 5 N

해설 파란 화살표가 두 힘의 합력이다. 화살표의 길이는 5칸이고, 1칸이 1 N에 해당되므로 두 힘의 합력의 크기는 5 N이다.

4. 답 ③

해설 [바로 알기] 두 힘의 평형 조건 3가지(힘의 크기가 서로 같고, 방향이 서로 반대이고, 작용점이 서로 같다.)를 모두 만족해야 두 힘은 평형을 이룰 수 있다.

★ 해설 과학적 의미의 힘이란 물체의 모양이나 운동 상태를 변화시키는 원인을 말한다.

★★★ 해설 양팔로 매달리는 경우 양팔에 각각 동일한 힘이 작용하며, 두 힘의 합력이 몸무게와 평형을 이룬다. 따라서 그림과 같이

같은 몸무게(파란색 화살표)를 지탱하기 위해서는 팔을 넓게 벌리는 경우보다 좁게 벌리는 경우가 힘이 더 적게 든다. (빨간색 화살표의 길이 > 초록색 화살표의 길이)

01. 답 ③

해설 ③ 힘의 작용선은 힘의 화살표의 연장선이다.
[바로 알기] ① 힘의 단위는 N, kgf이다.
② 힘이 작용하면 물체의 모양이나 운동 상태가 변한다.
④ 힘의 크기, 힘의 방향, 힘의 작용점을 힘의 3요소라고 한다. 힘의 작용선은 힘의 3요소가 아니다.
⑤ 힘의 크기가 2배가 되면 힘을 표시하는 화살표의 길이도 2배가 된다.

02. 답 ①

해설 ① 철봉에 작용하는 힘은 두 경우 모두 몸무게로 같다. 힘 1 + 힘 2 = 힘 3 = 몸무게
[바로 알기] ②, ③ 두 손이 각각 철봉에 작용하는 힘인 힘 1과 힘 2의 크기의 합은 철봉에 작용하는 힘 3의 크기와 같다.
④, ⑤ 두 손으로 매달렸을 때와 한 손으로 매달렸을 때 철봉에 작용하는 힘의 크기는 각각 몸무게이며 크기가 같다.

03. 답 ⑤

해설 ①, ②, ③, ④ 두 사람이 가한 힘의 합력이 0이면 평형 상태이며, 두 힘은 일직선에서 작용하고 힘의 크기가 각각 같으며, 합력이 0이므로 물체는 움직이지 않는다.
⑤ [바로 알기] 두 사람 중 한 사람이 더 큰 힘으로 당기면 더 큰 힘의 방향으로 물체는 움직인다.

04. 답 ①

해설
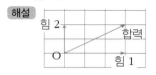

05. 답 ④

해설

모눈종이 1칸이 3 N이므로 두 힘의 합력은 4칸 × 3 N = 12 N이다.

06. 답 ①

해설 두 사람이 한 물체에 서로 반대 방향으로 힘을 작용하고 있으므로 힘의 방향은 큰 힘의 방향과 같고 힘의 크기는 큰 힘에서 작은 힘을 뺀 값과 같다. 그러므로 왼쪽으로 50 N(150 N − 100 N)의 힘이 물체에 작용하고 있다.

유형 익히기 & 하브루타   16 ~ 19쪽

[유형 1-1] ④	01. ⑤	02. ④
[유형 1-2] ⑤	03. ①	04. ③
[유형 1-3] ②	05. ④	06. ③
[유형 1-4] ①, ②, ⑤	07. ②	08. ⑤

[유형 1-1] 답 ④

해설

01. 답 ⑤

해설 ⑤ 상상이의 힘의 크기가 무한이의 3배이기 때문에 화살표의 길이도 무한이의 3배이다.
[바로 알기] ①, ②, ③, ④ 무한이의 화살표의 방향과 상상이의 방향은 서로 반대이며, 힘의 크기는 화살표 길이로 나타내므로 상상이의 화살표의 길이가 무한이의 화살표 길이의 3배로 나타난다.

02. 답 ④

해설 ④ 두 힘은 서로 같은 작용점을 가진다.
①, ②, ③, ⑤ [바로 알기] 두 힘의 크기, 방향, 작용선이 다르고, 힘에 의한 효과가 다르므로 두 힘이 각각 작용한다면 두 힘

에 의한 모양 변화나 운동 상태 변화가 서로 다르다.

[유형 1-2] 답 ⑤

해설 두 힘이 반대 방향으로 작용하고 있기 때문에 힘의 방향은 큰 힘의 방향이고, 힘이 크기는 큰 힘에서 작은 힘을 뺀 크기이다.

03. 답 ①

해설 두 사람이 수레에 작용한 힘은 오른쪽 방향으로 80 N이다. 두 사람의 힘의 합력과 말의 힘의 방향은 서로 반대 방향이기 때문에 알짜힘은 큰 힘에서 작은 힘을 뺀 값(100 N − 80 N = 20 N)이고, 방향은 말이 작용하는 큰 힘의 방향인 왼쪽이다.

04. 답 ③

해설 나무도막에 왼쪽으로 작용하는 두 힘의 합력은 6N이다. 오른쪽으로 작용하는 힘은 7 N이므로 두 힘의 합력을 다시 구하면 크기는 더 큰 힘에서 작은 힘을 뺀 값 7 N − (4 N + 2 N) = 1 N이고 방향은 더 큰 힘의 방향인 오른쪽이다.

[유형 1-3] 답 ②

해설 두 힘의 합력의 크기는 모눈 종이 3칸이다. 1칸이 1 N이므로 합력의 크기는 3칸 × 1 N = 3 N이다.
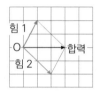

05. 답 ④

해설 두 힘의 합력의 크기는 모눈 종이 4칸이다. 1칸이 2 N이므로 두 힘의 합력의 크기는 4칸 × 2 N = 8 N이다.
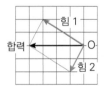

06. 답 ③

해설 다음과 같이 합력의 크기(길이)가 다른 것은 ③이다.
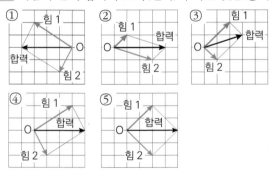

[유형 1-4] 답 ①, ②, ⑤

해설 두 힘이 평형을 이루기 위해서는 두 힘의 크기는 같고, 방향은 반대이고, 같은 작용선 상에 있어야 한다.
⑤는 가로 방향 두 힘과 세로 방향 두 힘이 각각 평형을 이룬다.
③은 같은 방향이기 때문에 평형 상태가 아니다.
④는 힘이 한 개만 작용하였기 때문에 평형 상태가 아니다.

07. 답 ②

해설 한 물체에 작용하는 두 힘이 평형을 이루는 조건 :

ㄱ. 두 힘의 크기가 같다. ㄷ. 두 힘의 방향이 반대이다.
ㄹ. 두 힘의 작용선이 일치한다.

08. 답 ⑤

해설 [바로 알기] ⑤ 두 힘이 평형을 이루고 있으므로 두 팀이 줄에 작용하는 각각의 힘의 방향은 서로 반대이다.

01

(1) 〈예시 답안〉 유조선이 그림과 같이 두 힘의 합력 방향으로 움직인다.

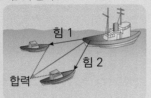

(2) 〈예시 답안〉 예인선 한 대의 힘이 더 커졌을 경우 평행사변형법에 의해 그림처럼 합력이 나타나므로 더 큰 힘을 작용하는 예인선 쪽으로 더 치우쳐서 움직인다.

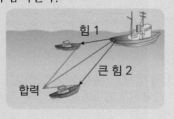

(1) 해설 나란하지 않은 두 힘을 합성할 때는 평행사변형법으로 한다. 두 힘을 이웃한 두 변으로 하는 평행사변형을 그리면 합력의 크기는 대각선의 길이, 합력의 방향은 대각선의 방향이다. 유조선에는 합력이 작용하므로 합력의 방향으로 유조선이 움직인다.

02

(1) (A) 20 N   (B) 0
(2)

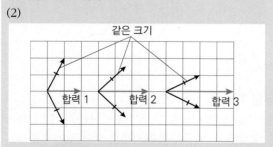

〈예시 답안〉같은 크기의 두 힘이 이루는 각도가 점점 작아질수록 두 힘의 합력의 크기가 점점 커지는 것을 알 수 있다.

해설 (1) (A)는 같은 방향으로 두 힘이 작용하고 있기 때문에 두 힘의 크기를 더한 10 N + 10 N = 20 N이 합

력의 크기이다. (B)는 반대 방향으로 같은 크기의 두 힘이 작용하고 있기 때문에 두 힘의 합력은 0이다.
(2) 각도가 다른 같은 크기의 두 힘을 합성하는 경우 두 힘 사이의 각도가 점점 작아지면 합력 1 → 합력 2 → 합력 3 으로 되어 점점 합력의 크기가 커진다.

03

(1)

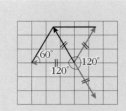

(2) 싸우지 않고 공평하게 힘을 가하여 물체를 들어 나르기 위해서는 세 명 모두 물체에 끈을 매달고 끈 사이의 각도를 각각 120°가 되도록 하여 물체를 들어서 운반하면 된다. 동일한 크기의 힘을 가하여 물체를 이동시킬 수 있는 방법이다.

해설 나란하지 않게 작용하는 세 힘의 합성을 구하기 위해서는 우선 두 힘의 합성을 평행사변형법을 이용하여 먼저 구한다. 구한 힘과 나머지 한 힘을 다시 평행사변형법을 이용하여 그리면 세 힘의 합력의 크기와 방향을 그릴 수 있다.

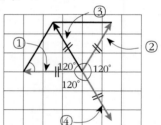

평행사변형은 두 변의 길이가 같고 두 변이 이루는 각이 60°일 때 대각선의 길이와 두 변의 길이가 모두 같게 된다. 이를 이용하여 세 힘의 합성을 하기 위해서는 우선 힘 ①과 힘 ②의 힘의 합력부터 그려야 한다. 힘 ①과 힘 ②의 합력은 ③처럼 그릴 수 있다. 이때 ③과 힘의 평형을 이루는 한 힘은 힘 ③과 크기가 같고 방향이 반대이고, 같은 작용선 상에 있어야 한다. 그러므로 ④와 같은 힘을 그릴 수 있다. 따라서 세 힘 ①, ②, ④은 서로 힘의 평형 상태이다.

04

(1) A = B < C = D = E = F   (2) (가)

해설 (1) 액자의 무게와 줄이 액자를 잡아당기는 힘이 평형을 이룬다. 그림과 같이 (가) 액자에는 양 쪽 줄에 액자 무게의 절반 만큼의 힘의 크기가 나뉘어서 작용한다.(A = B = 액자 무게의 절반 크기) (나) 액자에서는 두 줄의 각도가 120°이기 때문에 줄이 액자를 잡아당기는 힘 각각의 크기와 액자의 무게는 모두 같다. (다)는 (나)와 줄이 다르게 매어져 있지만 줄이 액자를 잡아당기는 힘은 (나)와 같다.(C = D = E = F = 액자의 무게)

(2) (가)의 끈 A와 B는 각각 50 N의 힘으로 액자를 잡아당기므로 끊어지지 않는다. 그러나 끈 C~F는 각각 100 N(액자의 무게)의 힘으로 액자를 잡아당기므로 모두 끊어진다.

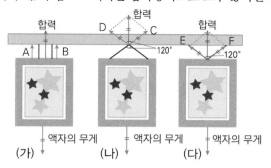

스스로 실력 높이기   24 ~ 27쪽

01. (1) ○ (2) X (3) ○ **02.** (1) ○ (2) ○ (3) X
03. (1) ○ (2) X (3) X **04.** 오른쪽, 36
05. 12   **06.** 왼쪽, 45
07. 오른쪽, 15   **08.** 6
09. ① 힘 5 ② 힘 6 ③ 힘 7 ④ 힘 8
10. ① ㄱ ② ㄷ ③ ㄱ
11. ③   **12.** ④   **13.** ④   **14.** ①   **15.** ⑤
16. ③   **17.** ④   **18.** ③   **19.** ③   **20.** ①, ②
21.~22. 〈해설 참조〉

01. 답 (1) ○ (2) X (3) ○
해설 (1) 힘은 화살표로 표시한다.
(2) [바로 알기] 힘의 단위는 N, kgf 이다.
(3) 힘을 화살표로 나타낼 때 화살표의 길이를 2배로 하면 크기가 2배인 힘이 된다.

02. 답 (1) ○ (2) ○ (3) X
해설 (1) 같은 방향으로 두 힘이 작용할 때 두 힘의 합력의 크기는 두 힘의 크기를 단순히 더하면 된다.
(2) 반대 방향으로 작용하는 두 힘의 합력의 크기는 두 힘을 서로 뺀 값이고, 합력의 방향은 큰 힘의 방향과 같다.
(3) [바로 알기] 평행하지 않은 두 힘의 합성은 두 힘을 두 변으로 하는 평행사변형의 대각선으로 구한다.

03. 답 (1) ○ (2) X (3) X
해설 (2) [바로 알기] 평형 상태인 두 힘의 방향은 서로 반대이다.
(3) [바로 알기] 평형 상태인 두 힘의 작용선은 서로 같은 직선상에 있어야 한다.

04. 답 오른쪽, 36
해설 1 cm가 3 N이므로 화살표의 힘의 크기는 3 N × 12 = 36 N이다.

05. 답 12
해설 2 N 힘의 크기를 4 cm로 표현하였기 때문에 1 N은 2 cm이다. 따라서 같은 방향으로 6 N의 힘은 12 cm로 표현할 수 있다.

06. 답 왼쪽, 45
해설 같은 방향으로 두 힘이 작용하고 있기 때문에 두 힘의 합력의 크기는 두 힘의 크기의 합(30 N + 15 N = 45 N)이고, 힘의 방향은 두 힘이 작용하는 방향인 왼쪽 방향이다.

07. 답 오른쪽, 15
해설 반대 방향으로 작용하는 두 힘의 합력의 크기는 큰 힘에서 작은 힘의 크기를 뺀 값(45 N − 30 N = 15 N)이고, 합력의 방향은 큰 힘(45 N)의 방향이 된다.

08. 답 6
해설 합력을 구할 때 화살표의 방향을 같게 하여 옮길 수 있다. 아래와 같이 평행사변형법으로 구하면 합력의 크기를 구하면 모눈종이 6칸에 해당되므로 6 N임을 알 수 있다.

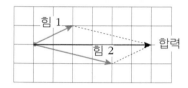

09. 답 ① 힘 5 ② 힘 6 ③ 힘 7 ④ 힘 8
해설 힘의 평형을 이루기 위해서는 두 힘이 같은 작용선상에 있어야 하며, 힘의 크기(화살표의 길이)가 같고 방향이 반대이어야 한다.

10. 답 ① ㄱ ② ㄷ ③ ㄱ
해설 두 힘이 평형을 이루려면 두힘의 크기가 서로 같고, 방향이 반대이며, 같은 작용선상에 있어야 한다.

11. 답 ③
해설 [바로 알기] ① 벽돌이 받는 힘의 방향은 아래쪽이다.
② 모든 힘은 힘의 3요소로 나타낼 수 있다.
④ 힘에 의해 벽돌의 모양이 바뀌었다.
⑤ 힘을 표시할 때 화살표의 길이가 길수록 힘의 크기가 크다.

12. 답 ④
해설 ④ 두 힘의 작용선이 서로 다른 직선상에 있으므로 원반은 회전한다.
[바로 알기] ①, ③두 힘은 평형 상태가 아니므로 정지해 있지 않는다.
② 두 힘은 서로 반대 방향으로 작용하는 같은 크기의 힘이므로 합력은 0이다.
⑤ 두 힘의 작용점은 서로 다르다.

13. 답 ④
해설 ④ [바로 알기] 화살표 길이가 2배 긴 힘 D가 힘 E보다 크기가 2배이다.
①, ② 화살표의 길이가 같으면 힘의 크기가 같은 것이다.

③, ⑤ 화살표의 방향은 힘의 방향을 나타낸다.

14. 답 ①
해설 왼쪽에서 당기고 있는 세 명의 힘의 합력 :
$$7 \, \text{N} + 8 \, \text{N} + 6 \, \text{N} = 21 \, \text{N}$$
오른쪽에서 당기고 있는 세 명의 힘의 합력 :
$$6 \, \text{N} + 9 \, \text{N} + 7 \, \text{N} = 22 \, \text{N}$$
따라서 나무에 작용하는 힘의 합력의 방향은 힘의 크기가 더 큰 쪽 방향인 오른쪽 방향이고, 힘의 크기는 더 큰 힘에서 작은 힘을 뺀 $22 \, \text{N} - 21 \, \text{N} = 1 \, \text{N}$ 이다.

15. 답 ⑤
해설 ⑤ 목봉의 무게와 목봉에 위로 작용하는 힘이 서로 평형을 이뤄야 하므로, 한 사람이 목봉을 들어올리려면 목봉의 무게인 200 N의 힘을 위쪽 방향으로 작용해야 한다.
[바로 알기] ① 힘 1과 힘 2는 같은 방향이다.
② 힘 1과 힘 2는 나란하게 같은 방향으로 작용하고 있다.
③ 두 사람이 목봉에 작용하는 힘과 목봉의 무게는 평형이므로 힘 1과 힘 2의 합력의 크기는 목봉의 무게인 200 N이다.
④ 두 힘의 합력의 방향과 힘 1의 방향은 모두 위쪽으로 방향이 서로 같다.

16. 답 ③
해설 ③ 아래 그림처럼 두 힘의 합력(힘 1 + 힘 2)과 평형을 이루는 힘의 크기가 같으므로 화살표 길이도 같다.

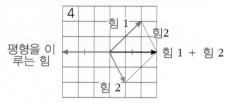

[바로 알기] ① 평형을 이루는 힘의 크기는 3 N이다.
②, ④, ⑤ 평형을 이루는 힘은 (힘 1+ 힘 2)와 크기와 작용점이 서로 같고 방향은 반대인 서쪽이다.

17. 답 ④
해설 ④만 합력이 4칸이므로 8 N이다.

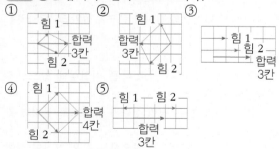

18. 답 ③
해설 한 물체에 작용하는 두 힘이 평형이 되기 위해서는 크기가 서로 같고, 방향이 서로 반대이며, 같은 작용선 상에 있어야 한다.
③ [바로 알기] 두 힘의 작용점이 같지 않아도 작용점이 각각 같은 작용선 상에 있으면 두 힘이 평형 상태가 될 수 있다.

19. 답 ③
해설 ③ 힘 6과 힘 2는 작용점이 멀리 떨어져 있다.
[바로 알기] ①, ④ 힘 4와 힘 1, 힘 8, 힘 5가 힘의 크기가 서로 같고, 힘 2, 힘 3, 힘 6, 힘 7의 힘의 크기가 서로 같다.
② 힘 1과 힘 5는 크기는 같지만 방향도 반대가 아니고 같은 작용선 상에 있지 않기 때문에 평형 상태가 아니다.
⑤ 힘 2와 힘 3의 힘의 합력의 크기는 2칸이고, 힘 5와 힘 6의 힘의 합력의 크기는 3칸으로 크기가 다르다.

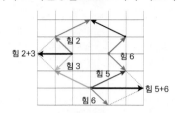

20. 답 ①, ②
해설 두 힘의 크기가 같고, 두 힘의 방향이 반대이고, 두 힘이 같은 작용선 상에 있어야 한다는 3가지 조건을 모두 만족해야 두 힘은 평형 상태가 된다.
①은 두 힘의 작용선이 다르다.
②는 왼쪽 방향으로 미는 힘이 오른쪽 방향으로 미는 힘보다 크기가 더 크다.

21. 답 두 예인선을 잇는 줄의 각도가 커질수록 두 힘이 작용하는 합력은 작아진다. 따라서 같은 크기의 힘을 작용하므로 각도가 커질수록(예인선 사이의 거리가 멀수록) 유조선에 작용하는 합력이 작아지기 때문에 더 늦게 끌려오게 된다.

22. 답 두 힘이 나란하지 않을 때 힘의 합력은 두 힘 사이의 각이 작을수록 크다. 따라서 두 사람 사이의 거리를 좁게 하여 합력을 크게 하면 물체를 쉽게 끌 수 있다.

2강. 질량과 무게

개념확인	28 ~ 31쪽
1. ①	2. 200 g
3. ㉠ 6 ㉡ 58.8 ㉢ 1 ㉣ 9.8	4. ㉠ 49 ㉡ 30

1. 답 ①
해설 ① [바로 알기] 중력은 만유인력이므로 서로 잡아당기는 힘인 인력만 있고 서로 미는 힘인 척력은 없다.
② 중력은 지구(또는 달이나 행성)의 중심을 향한다.
③ 무거운 물체일수록 중력을 크게 받는다.
④ 중력은 만유인력이므로 질량을 가진 모든 물체 사이에 작용하며 서로 닿아있지 않은 물체 사이에도 작용한다.
⑤ 지구 중심으로부터의 거리가 지구 상의 장소마다 차이가 나므로 중력의 크기는 장소에 따라 다르다.

2. 답 200 g

해설 질량은 일정 질량의 추와 비교하는 것이므로 달에서나 지구에서나 같은 값을 가진다.

3. 답 ㉠ 6 ㉡ 58.8 ㉢ 1 ㉣ 9.8

해설 지구 표면에서 질량 6 kg인 물체가 받는 중력은 6 kgf 이며 이것은 $6 \times 9.8 = 58.8$ N 이다.
달 표면에서 질량 6 kg인 물체가 받는 중력은 지표면에서의 $\frac{1}{6}$인 1 kgf 이며 이것은 $1 \times 9.8 = 9.8$ N 이다.

4. 답 ㉠ 49 ㉡ 30

해설 지구 표면에서 질량 30 kg인 사람이 받는 중력은 30 kgf 이며 이것은 $30 \times 9.8 = 294$ N이다.
이 우주인이 달로 여행을 갔으므로 질량은 변함없이 30 kg 이며, 무게는 지구의 $\frac{1}{6}$인 $\frac{294}{6} = 49$ N이다.

1. ③   **2.** ②   **3.** ②   **4.** ②

2. 답 ②

해설 달에서나 지구에서나 같은 질량의 추와 비교하므로 달에서나 지구에서나 물체의 질량은 30 kg으로 측정된다.

3. 답 ②

해설 지구 표면에서 질량 10 kg인 물체가 받는 중력은 10 kgf 이며 이것은 $10 \times 9.8 = 98$ N이다.

4. 답 ②

해설 달에서의 질량은 지구에서와 같이 48 kg이고, 달에서의 무게는 지구에서의 $\frac{1}{6}$인 $\frac{48 \times 9.8}{6} = 78.4$ N이다.

★ 스마트폰을 가로로 돌리면 화면이 자동으로 돌아갈 수 있도록 하는 것은 중력 센서를 탑재하고 있기 때문이다. 중력 센서는 가로, 세로, 수직 방향의 세 축을 기준으로 스마트폰의 움직임과 회전 등을 감지한다.

★★ 금의 일부가 날아가 버리지 않는다면 녹였다 다시 굳게 한다고 해도 질량이 줄어들거나 늘어나지 않는다.

★★★ (예) 엘리베이터 줄이 끊어져서 자유낙하를 할 때, 스카이다이빙, 잠수부가 떠오를 때 등

★★★★ 달에 가면 친구의 몸무게는 지구에서의 몸무게 ÷ 6이 되므로 가벼워질 수 있다. 하지만 질량은 변하지 않는다.

01. ②   **02.** ②   **03.** ⑤
04. ⑤   **05.** ②   **06.** ⑤

01. 답 ②

해설 중력의 방향은 지구 중심 방향이다.

02. 답 ②

해설 ② [바로 알기] 땅속에서도 지구 중심 방향으로 중력이 작용한다.
① 중력은 만유인력이므로 인력만 있다.
③ 무거운 물체는 무게가 큰 물체이며 받는 중력도 크다.
④ 물이 지구 중심 방향으로 중력을 받아 아래로 떨어지며 폭포를 만든다.
⑤ 질량을 가진 모든 물체 사이에 만유인력이 작용하므로 만유인력인 중력은 서로 떨어진 물체 사이에도 작용한다.

03. 답 ⑤

해설 지구 표면에서의 중력이 달 표면의 중력보다 6배가 크다. 따라서 달에서는 무게가 6배가 되는 역기를 들 수 있다. 300 kg의 역기라 함은 무게가 300 kgf인 역기를 뜻하므로 같은 힘으로 달 표면에서 1800 kg(무게 1800 kgf)의 역기를 들 수 있다.

04. 답 ⑤

해설 ㄱ. 물체의 고유한 양, ㄹ. 윗접시 저울로 측정, ㅅ. 측정 장소나 시간에 따라 변하지 않고 일정 - 질량
ㄴ. 물체에 작용하는 중력의 크기, ㄷ. 용수철 저울로 측정,
ㅁ. 단위로 kgf을 사용, ㅂ. 측정 장소에 따라 값이 변함 - 무게

05. 답 ②

해설 ② [바로 알기] 킬로그램(kg)은 질량의 단위이다. 무게의 단위는 N이나 kgf(킬로그램힘)을 쓴다. ① 질량 1 kg인 물체에 작용하는 중력이 1 kgf인 것 처럼 질량에 따라 무게가 결정된다.
③ 물체에 작용하는 중력이 곧 무게이므로 측정 장소에 따라 무게는 달라진다.
④ 질량은 일정 질량의 추와 비교하여 결정하므로 윗접시 저울이나 양팔 저울을 사용하여 측정한다.
⑤ 무게는 지구가 잡아당기는 힘이므로 많이 잡아당길수록 많이 늘어나는 용수철 저울을 사용하여 측정한다.

06. 답 ⑤

해설 질량은 물체의 고유한 양이므로 변하지 않는다. 지구에서 질량 30 kg인 물체는 달에서도 질량이 30 kg이다. 지구 표면에서 질량 30 kg인 물체의 무게(중력)는 $30 \times 9.8 = 294$ N 이고, 달 표면에서는 $\frac{\text{지구에서의 무게}}{6} = \frac{30 \times 9.8}{6} = 49$ N 이다.

[유형 2-1] 답 ③

해설 ③ [바로 알기] 사람에게 작용하는 중력은 사람의 무게와 같다.
① 지구가 사람을 잡아당기는 만유인력이 중력이다. ② 무거운 사람은 큰 중력을 받는 사람이다.
④ 허공에서도 지구가 잡아당기는 인력이 작용한다.
⑤ 지구가 완전히 둥글다면 지표면의 모든 위치에서 지구 중심까지의 거리가 같으므로 중력이 같게 나타난다.

01. 답 ④

해설 공이 어느 위치에 있어도 공에 작용하는 중력의 방향은 항상 아래쪽(지구 중심 방향)이다.

02. 답 ③

해설 물체에 작용하는 지구의 중력은 물체의 질량이 클수록, 물체의 위치가 지구 중심에 가까울수록 크다.

[유형2-2] 답 ①

해설 ① 윗접시 저울로 일정 질량의 추와 평형을 이루게 하여 물체의 질량을 측정한다. 윗접시 저울을 사용할 때 물체가 지구 표면에서 일정 질량의 추와 평형을 이룬다면 달 표면에서도 같은 질량의 추와 평형을 이룰 것이고 물체의 질량은 지구 표면과 달 표면에서 같은 값으로 측정될 것이다.
[바로 알기] ② 달도 물체를 잡아당기므로 달에도 중력이 있다.
③ 달에서도 중력이 있으므로 윗접시 저울을 사용할 수 있다.
④ 지구와 달에서 물체의 질량은 서로 같다.
⑤ 달에서는 분동이 가벼워지지만 물체도 같은 비율로 가벼워지므로 윗접시 저울에서 분동과 평형을 이루는 물체의 질량이 지구에서와 같게 측정된다.

03. 답 100 g

해설 찰흙의 모양을 변화시킨다고 해도 질량은 고유한 양이므로 변하지 않는다. 그러므로 찰흙의 전체 질량을 다시 측정하면 100 g이다.

04. 답 ②

해설 질량은 장소에 따라 변하지 않는 양이므로 산꼭대기에서도 가방의 질량은 10 kg이다.

[유형2-3] 답 ①

해설 용수철 저울은 무게를 측정하는 저울이다. 지구에서 측정한 무게는 달에서 측정한 무게의 6배이므로, 늘어나는

길이도 지구에서는 달보다 6배로 늘어날 것이다. 그러므로 지구에서 6 cm 늘어난 용수철 실험 장치를 달에 가져갈 경우 늘어난 길이는 1 cm가 된다.

05. 답 ③

해설 무게는 물체에 작용하는 중력의 크기를 말하며, 1 kg의 물체에 작용하는 중력의 크기는 9.8 N이므로, 98 N은 10 kg의 물체에 작용하는 중력의 크기이다. 그러므로 같은 크기의 힘은 10 kgf이다.
①, ④ 1000 gf(그램힘) = 1 kgf(킬로그램힘)이다.
② 10 kg은 질량값이며 무게를 나타낸 것이 아니다.

06. 답 ②

해설 ② [바로 알기] 질량이 클수록 무게도 커진다.
① 지구와 달에서 무게의 단위(N, kgf)는 같다.
③ 용수철 저울에 물체를 매달고 물체가 중력을 받아 용수철의 늘어난 정도로 무게를 잰다.
④ 달이 물체를 잡아당기는 힘이 지구가 물체를 잡아당기는 힘의 1/6 이므로 달에서의 무게는 지구에서의 1/6이다.
⑤ 달이 물체를 잡아당기는 중력을 무게라고 한다.

[유형 2-4] 답 질량 : 10 kg, 무게 : 10 kgf(98 N)

해설 질량은 변하지 않으므로 지구에서도 10 kg이므로 무게는 10 kgf 또는 98 N이다.

07. 답 ③

해설 질량은 물질의 고유한 양이므로 변하지 않는다. 지구에서 윗접시 저울로 측정한 사과의 질량도 600 g이다.

08. 답 ⑤

해설 달 표면에서의 무게가 49 N이므로 지구 표면에서의 무게는 6 배인 294 N이고, 질량은 $\frac{294}{9.8} = 30$ kg이다.

01

질량은 변함이 없고, 무게는 점점 줄어든다.

해설 지구의 중력은 지구가 물체를 잡아 당기는 힘이고, 이를 무게라고 한다. 지구가 물체를 잡아 당기는 힘은 지구 중심 방향이고, 지구 중심으로부터의 거리가 줄어들수록 커지고, 물체의 질량이 클수록 커진다. 그러므로 우주 왕복선이 지구 중심으로부터의 거리가 멀어질수록 지구의 중력이 줄어들어 무게는 점점 줄어들게 된다.

02

윗접시 저울을 사용하는 것이 공정한 거래가 된다. 그 이유는 윗접시 저울은 질량을 재는 저울이므로 장소에 관계없이 같은 양을 잴 수 있기 때문이다. 만약 용수철 저울을 사용하여 무게 100N의 물건을 교환하기로 했다면 평지에서는 중력이 상대적으로 크므로

적은 양으로도 100 N이 측정될 수 있고, 산 위에서는 중력이 상대적으로 작으므로 평지보다 많은 양을 측정해야 100 N이 된다. 따라서 용수철 저울을 사용하여 거래할 경우 산 위의 마을이 손해를 보게 되므로 공정하지 않다.

해설 질량을 재는 저울은 윗접시 저울이고, 무게를 재는 저울은 용수철 저울이다. 같은 양의 곡식을 재더라도 상대적으로 중력이 작은 산 위에서는 무게가 적게 측정될 것이고, 상대적으로 중력이 큰 평지에서는 무게가 크게 측정될 것이므로, 용수철 저울로 잰 무게로는 공정한 거래가 될 수 없다.

03
지표면의 쌍둥이 A와 지구의 지표면에서 200 km 상공을 비행하는 쌍둥이 B의 몸무게를 비교하면, A가 B보다 무거울 것이다.

해설 질량은 항상 일정하므로 쌍둥이 A, B의 질량은 같다. 하지만 몸무게는 지표면에서 상공으로 멀어질수록 지구 중심과의 거리가 커져서 지구의 중력이 줄어들기 때문에 A의 몸무게는 그대로 유지되나 B의 몸무게는 점점 줄어들게 되므로 상공 200 km를 비행할 때의 B의 몸무게는 A보다 작게 나타난다.

04
(1) 지구 자전의 영향으로 회전 반경이 큰 적도 쪽이 부풀어 올라 반지름이 길어졌다.
(2) B＜A＜C

해설 지구의 반지름은 적도 반지름이 극 반지름보다 더 길기 때문에 적도에서의 무게가 극에서의 무게보다 적게 나간다. 극지방에서 몸무게가 600 N으로 측정된 사람이 적도로 오면 600 N보다 작아진다. 적도 지방에서 몸무게가 600 N인 사람이 극지방으로 가면 600 N보다 무거워진다.

05
(1) 몸무게는 지구보다 적게 나갈 것이다.
(2) 우주는 무중력 상태이므로 저울에 올라가도 몸무게가 0으로 측정되기 때문이다.

해설 무게는 행성이 물체를 당기는 중력이므로, 중력이 더 작은 행성에 간다면 무게는 지구에서 측정한 것보다 적게 측정될 것이고, 무중력 상태인 우주 정거장에서는 무게가 0으로 측정될 것이므로 저울에 올라가도 몸무게를 잴 수 없다. 그러므로 힘을 가하여 튕겨내는 방식의 우주 저울을 이용하여 몸무게를 잰다.

01. (1) X (2) O (3) X   **02.** 60 kg
03. (1) 144 kgf (2) 60 kg
04. (1) 질 (2) 무 (3) 질   **05.** (1) O (2) X (3) O
06. ㉠ N, kgf ㉡ 중심   **07.** (1) O (2) O (3) X
08. 900 g   **09.** 5   **10.** ②   **11.** ④
12. ①, ②, ④   **13.** ③   **14.** ②, ⑤   **15.** ⑤
16. ①   **17.** ②   **18.** ④
19. ①, ③, ⑤   **20.** ③
21. ~ 22. 〈해설 참조〉

01. 답 (1) X (2) O (3) X
해설 (1) [바로 알기] kg은 질량의 단위이며, 중력의 단위는 kgf, N을 사용한다.
(2) 지구는 주변의 물체에 지구 중심 방향으로 잡아당기는 힘을 작용한다.
(3) [바로 알기] 질량이 큰 물체일수록 물체에 작용하는 중력의 크기가 커진다. 한 장소에서 질량과 무게는 비례한다.

02. 답 60 kg
해설 질량은 장소나 상태에 따라 달라지지 않는 물질의 고유한 양이다. 일정 질량의 추와 평형을 이루게 하여 측정하므로 장소에 따라 달라지지 않는다.

03. 답 (1) 144 kgf (2) 60 kg
해설 지구에서의 몸무게가 60 kgf이므로 지구에서의 질량은 60 kg이다. 목성에서의 중력이 지구의 2.4배이므로 물체의 무게도 2.4배가 된다. 따라서 목성에서의 무게는 60 kgf × 2.4 = 144 kgf이고, 질량은 지구에서와 같이 60 kg이다.

04. 답 (1) 질 (2) 무 (3) 질
해설 (1) 양팔 저울, 윗접시 저울을 이용하여 일정 질량의 추와 비교해서 재는 것은 질량이다.
(2) 무게 또는 중력의 단위는 N, kgf이다.
(3) 질량은 물체의 고유한 양으로 일정한 값을 가진다.

05. 답 (1) O (2) X (3) O
해설 (1) 무중력 상태에서는 물체의 무게가 0이다.
(2) [바로 알기] 질량은 물체의 고유한 양으로 일정한 값을 가지나 무게는 장소에 따라 변하는 값이다.
(3) 무게는 용수철 저울, 앉은뱅이 저울, 체중계 등을 이용하여 측정한다.

06. 답 ㉠ N, kgf ㉡ 중심
해설 중력은 지구 또는 행성이 물체를 잡아당기는 힘으로 단위는 N(뉴턴), kgf(킬로그램힘)이며, 지구나 행성의 중심을 향하는 방향이다.

07. 답 (1) O (2) O (3) X
해설 (1) 지구가 물을 지구 중심 방향으로 잡아당기므로 물은 아래로 흐른다.

(2) 공이 공중에 떠 있어도 지구 중심 방향의 중력이 작용하므로 다시 아래로 떨어진다.

(3) [바로 알기] 찰흙의 모양에 관계없이 질량은 일정하다. 그러나 이 현상은 중력과 무관하다.

08. 답 900 g

해설 질량은 장소에 따라 변하지 않는 양이다. 달과 지구에서 윗접시 저울을 평형을 이루게 하려면 모두 900 g의 분동이 필요하다.

09. 답 5

해설 1 kgf = 9.8 N이므로 49 N = $\dfrac{49}{9.8}$ = 5 kgf 이다.

10. 답 ②

해설 지구상의 물체에 작용하는 중력의 방향은 항상 지구의 중심 방향이다.

11. 답 ④

해설 비스듬히 올라가는 야구공에 작용하는 지구의 중력은 어디서나 연직 아래 방향(지구 중심 방향)이다.

12. 답 ①, ②, ④

해설 ①, ② 질량은 물체의 고유한 양으로 0이 될 수 없다.

③ [바로 알기] 물체의 모양을 변화시켜도 질량은 변하지 않는다.

④ 질량은 윗접시 저울을 사용하여 일정 질량의 분동과 평형을 이루게 하여 측정한다.

⑤ [바로 알기] 질량은 달에서나 지구에서나 같다. 물체의 달 표면에서의 무게가 지표면에서의 $\dfrac{1}{6}$이다.

13. 답 ③

해설 질량을 측정하는데 사용하는 저울은 윗접시 저울이며, 질량은 달과 지구에서 모두 같다.

14. 답 ②, ⑤

해설 질량은 ② 양팔 저울이나 ⑤ 윗접시 저울로 측정하고, 무게는 ① 용수철 저울, ③ 앉은뱅이 저울, ④ 체중계 등으로 측정한다.

15. 답 ⑤

해설 지구의 중력은 달의 중력의 6배이므로 물체에 작용하는 중력의 크기는 12 × 6 = 72 kgf 이고, 이를 무게라고 한다.

16. 답 ①

해설 질량이 3 kg인 물체의 무게는 3 kgf 이며, 3 kgf = 3 × 9.8 = 29.4 N이다.

17. 답 ②

해설 질량을 측정하는 저울은 윗접시 저울이고, 질량은 지구와 달에서 각각 같으므로 달에서 윗접시 저울로는 6 kg이 측정될 것이다. 무게는 용수철 저울로 측정하며 지구의 중력이 달의 중력보다 6배 크므로 달에 가져가서 무게를 재면 $\dfrac{6 \times 9.8}{6}$ = 9.8 N이 된다.

18. 답 ④

해설 ④ 질량은 물체의 고유한 양으로 일정한 값을 가진다.

[바로 알기] ① 지구에서 달로 가면 질량은 변하지 않고, 무게는 $\dfrac{1}{6}$이 된다.

② 질량은 윗접시 저울, 무게는 용수철 저울로 측정한다.

③ 지구에서 멀어질수록 무게는 작아진다.

⑤ 무게는 지구에서도 측정하는 장소에 따라 다르다. 산에서는 평지보다 무게가 작게 측정되고, 적도 지방에서는 극지방보다 무게가 작게 측정된다.

19. 답 ①, ③, ⑤

해설 일정 질량의 추와 비교해서 재는 것이 질량이고, 지구가 잡아당기는 힘의 크기를 측정하는 것이 무게이다.

질량은 ② 양팔 저울이나 ④ 윗접시 저울로 측정하고, 무게는 ① 앉은뱅이 저울, ③ 체중계, ⑤ 용수철 저울 등으로 측정한다.

20. 답 ③

해설 중일이가 말한 60 kg은 질량의 단위이므로 60 kgf 라고 표현해야 올바르게 말한 것이다.

21. 지구에 있는 사람의 몸무게는 일정하지만 지구에서 멀어지는 사람의 몸무게는 점점 줄어든다.

해설 질량이 같은 물체일지라도 지구 중심에서 거리가 멀수록 중력이 작아지므로 무게가 줄어든다.

22. 답 북극에서는 몸무게가 60 N보다 늘어나고, 적도에서는 몸무게가 60 N보다 줄어든다.

해설 지구는 적도 반지름이 극 반지름보다 좀 더 길기 때문에 지구 중심으로부터의 거리가 적도 부분이 가장 멀고, 극 지방으로 갈수록 지구 중심으로부터의 거리가 짧아진다. 잡아당기는 힘도 극지방에서 더 커진다. 그러므로 서울에서 몸무게가 60 N인 사람의 몸무게를 측정해 보면 북극에서의 몸무게는 60 N보다 크게, 적도에서의 몸무게는 60 N보다 작게 측정된다.

3강. 여러 가지 힘

1. (1) X (2) X (3) O (4) O
2. (1) X (2) X (3) O (4) X
3. (1) ㉡ (2) ㉡ (3) ㉢   **4.** ⑤

1. 답 (1) X (2) X (3) O (4) O

해설 (1) [바로 알기] 다른 종류의 전기 사이에는 인력이 작용한다.

(2) [바로 알기] 두 물체가 떨어져 있어도 전기력은 작용한다.

2. 답 (1) X (2) X (3) O (4) X

해설 (1) [바로 알기] 같은 종류의 극 사이에는 척력이 작용한다.
(2) **[바로 알기]** 두 자석이 떨어져 있어도 자기력은 작용한다.
(3) 두 자석 사이의 거리가 가까울수록 자기력은 크게 작용한다.
(4) **[바로 알기]** 지구는 커다란 자석이며, 북극이 S극이다.

3. 답 (1) ㉡ (2) ㉡ (3) ㉢
해설 (1) 수평면 위에 물체가 있을 때 면이 거칠수록 물체가 받는 마찰력은 커진다.
(2) 물체의 무게가 클수록 물체가 받는 마찰력은 커진다.
(3) 접촉면의 면적이 달라져도 같은 물체라면 마찰력의 크기는 변함없다.

4. 답 ⑤
바른 풀이 유선형 모양의 열차는 열차와 공기와의 마찰력을 작게 하여 더 빠르게 움직일 수 있다.

확인+			46 ~ 49쪽
1. ④	**2.** ②	**3.** ⑤	**4.** ④

1. 답 ④
바른 풀이 ④ 스타킹과 치마가 마찰하여 마찰 전기를 발생시킨다.
[바로 알기] ①, ③ 두 물체 사이에는 전기력이 작용하고 있다.
② 두 풍선은 같은 종류의 전기를 띠고 있어서 서로 밀어 떨어진 것이다.
⑤ 고무 풍선 사이가 가까울수록 작용하는 전기력의 세기가 더 커진다.

2. 답 ②
해설 ② ⓑ가 밀려났다는 것은 두 극 사이에 척력이 작용하였다는 것이다. 그러므로 ⓑ와 ⓒ는 같은 극이다.
[바로 알기] ① ⓑ와 ⓒ가 같은 극이다.
③ ⓑ와 ⓒ가 서로 멀어졌으므로 ⓑ와 ⓒ 사이에는 자기력(척력)이 작용하였다.
④ 자석을 회전시켜 ⓐ와 ⓑ의 자리를 바꾸면 ⓐ와 ⓒ는 극이 서로 다르기 때문에 인력이 작용하여 서로 끌어당긴다.
⑤ 자석 A와 자석 B 사이에 작용하는 힘을 자기력이라고 한다.

3. 답 ⑤
해설 인라인 스케이트의 베어링은 마찰력을 줄여주어 인라인 스케이트 바퀴가 잘 회전할 수 있도록 해 주는 장치이다.

4. 답 ④
해설 탄성력은 물체에 작용한 힘의 크기와 같고, 작용한 힘의 방향과 반대 방향으로 작용한다. 그림에서 용수철에 오른쪽으로 힘을 가했기 때문에 손에 작용하는 탄성력은 왼쪽으로 10 N이다.

★ 마찰 전기는 서로 다른 두 물체를 마찰시킬 때 발생하는 전기이다. 내 두 손은 서로 다른 두 물체이기는 하지만 내 몸과 하나로 연결되어 있기 때문에 서로 닿아도 마찰 전기가 발생하지 않는다.

★★ 자석은 자르면 또 다시 두 극이 나타난다. 자석은 아무리 잘게 잘라도 하나의 극만 남을 수 없다.

★★★ 마찰력이 없다면 물건을 잡지도 못하고, 땅을 딛고 걸을 수도 없고, 건물을 짓지도 못하고, 글씨도 쓸 수 없을 것이다.

★★★★ 유리와 같은 단단한 물체도 눈에 보이지는 않지만 탄성을 가지고 있다.

해설 ★★ 자석이 N극과 S극을 띠는 이유는 자석 내부의 원자들이 일정한 방향으로 배열되어 있기 때문이다. 그렇기 때문에 자석을 아무리 쪼개도 N극만 띠거나 S극만 띠는 자석이 될 수 없다.

★★★★ 물체가 탄성을 가지는 이유는 물체를 구성하고 있는 분자나 원자들이 일정한 거리를 유지하려는 성질이 있기 때문에 서로 힘을 작용한다. 이러한 힘은 원자를 구성하는 핵과 전자들이 가진 전기력 때문이다. 하지만 외부의 힘이 너무 커서 이러한 결합 상태를 파괴할 정도가 되면 물체는 완전히 모양이 바뀌게 된다. 그러므로 단단한 유리나 나무 같은 고체도 모두 탄성이 있다. 하지만 진흙같이 입자들 간의 결합이 약한 경우에는 외부에서 힘이 가해지면 입자들의 위치가 완전히 바뀌어서 원래 위치로 돌아가지 못하고 새로운 형태로 다시 배열되기 때문에 탄성이 존재하지 않는다.

개념 다지기			50 ~ 51쪽
01. ③	**02.** ①	**03.** ①	
04. ①	**05.** ③	**06.** ③	

01. 답 ③
해설 ③ **[바로 알기]** 다른 종류의 전기 사이에는 인력이 작용한다.
①, ②, ④, ⑤ 전기력은 전기 사이에 작용하는 힘으로, 전기를 띤 두 물체 사이의 거리가 가까울수록 크며, 전기를 띤 두 물체가 접촉해 있지 않아도 작용한다. 헝겊으로 마찰시킨 풍선에는 마찰 전기가 발생하여 종이를 잡아당겨서 붙게 한다.

02. 답 ①
해설 ㄱ. 지구는 커다란 자석으로 북극이 S극이므로 나침반의 N극과 서로 인력이 작용한다.
ㄴ. 자기 부상 열차는 자석의 같은 극끼리 서로 밀어내는 자기력을 이용하여 열차를 선로 위에 띄워서 운행한다.
[바로 알기] ㄷ. 프린터로 인쇄하는 것과 ㄹ. 겨울철 문 손잡이를 잡는 순간 따끔함을 느끼는 것은 전기력과 관련된 현상이다.

03. 답 ①

해설 ① 전기력과 자기력은 공통적으로 인력과 척력이 있다.
[바로 알기] ② 자기력과 전기력은 물체가 서로 접촉해 있을 때도 작용하고 접촉해 있지 않을 때에도 작용한다.
③ 자기력은 자석과 자석 사이, 자석과 쇠붙이 사이에서도 작용하는 힘이다.
④ 물체 사이의 거리가 멀수록 더 작은 힘이 작용한다.
⑤ 서로 다른 두 물체를 마찰시키면 두 물체에 마찰 전기가 발생하여 두 물체 사이에 전기력이 작용한다.

04. 답 ①

해설 ① 면과 접촉해 있는 물체가 면으로부터 받는 마찰력은 면이 거칠기 때문에 발생한다. 면의 마찰이 없다면 마찰력도 발생하지 않는다.
[바로 알기] ②, ③ 면 위의 물체가 받는 마찰력은 물체의 무게가 무거울수록 커지며, 접촉면의 표면이 거칠수록 커진다.
④ 수평면에서 물체를 밀었으나 물체가 움직이지 않으면 마찰력의 크기는 물체를 민 힘의 크기와 같다.
⑤ 수평면 위에서 물체가 운동 중일 때 마찰력은 운동 방향과 반대 방향으로 발생한다.

05. 답 ③

해설 ③ 탄성력은 늘어난 용수철이 다시 원래 상태로 돌아가기 위해 외부에 가하는 힘이다.
[바로 알기] ① 탄성력의 방향은 오른쪽이다.
② 탄성력의 크기는 작용한 힘의 크기와 같은 5 N이다.
④ 용수철을 잡아당기는 힘이 클수록 탄성력은 커진다.
⑤ 용수철을 오른쪽으로 밀면 탄성력의 방향은 왼쪽이 된다.

06. 답 ③

해설 ㄱ. 마찰력과 탄성력은 서로 접촉하여 작용하는 힘이다.
ㄹ. 수평면에 정지한 물체에 힘을 가하면 마찰력이 반대 방향으로 작용하고, 정지한 용수철에 힘을 가하면 탄성력이 반대 방향으로 나타난다.
ㄴ. [바로 알기] 두 물체가 서로 떨어져 있을 때에도 힘이 작용하는 것은 전기력과 자기력, 중력의 공통점이다.
ㄷ. [바로 알기] 물체의 무게가 무거울수록 더 큰 힘이 작용하는 것은 면 위에서의 마찰력과 중력에 관련되는 설명이다.

유형 익히기 & 하브루타		52 ~ 55쪽
[유형 3-1] ③	01. ②	02. ④
[유형 3-2] ③	03. ③	04. ⑤
[유형 3-3] ⑤	05. ③	06. ⑤
[유형 3-4] ①	07. ⑤	08. ①

[유형 3-1] 답 ③

바른 풀이 ③ C와 D는 서로 멀어졌으므로 척력이 작용하고 있다.
[바로 알기] ① A와 B는 서로 멀어졌기 때문에 A와 B 사이에는 척력이 작용하고 있다.
② B와 C는 서로 가까워졌기 때문에 B와 C 사이에는 인력

이 작용하고 있다.
④ A가 (+)전기라고 가정한다면 B는 (+)전기, C는 (-)전기를 띤다. A와 C는 서로 다른 종류의 전기를 띠고 있다.
⑤ B와 C가 서로 다른 종류의 전기를 띠고 있고, C와 D는 서로 같은 종류의 전기를 띠고 있으므로 B와 D는 서로 다른 종류의 전기를 띠고 있다.

01. 답 ②

해설 ㄴ, ㄷ 같은 종류의 전기 사이에는 척력이, 다른 종류의 전기 사이에는 인력이 작용한다.
[바로 알기] ㄱ은 서로 다른 종류의 전기이기 때문에 인력이 작용해야 한다. ㄹ은 서로 같은 종류의 전기이기 때문에 척력이 작용해야 한다.

02. 답 ④

해설 [바로 알기] 양말 바닥에 고무를 붙이면 마찰력이 커져서 미끄러지지 않는다.

[유형 3-2] 답 ③

해설 ③ 두 자석 사이에는 인력이 작용하여 끌려오는 것이다.
[바로 알기] ①, ② 자석이 서로 가까워진 것은 자석 사이에 인력이 작용하고 있기 때문이다. 그러므로 A는 N극, B는 S극인 것을 알 수 있다.
④ 두 자석 사이가 멀수록 자기력은 약해진다.
⑤ 한 자석의 세기가 세지면 자기력도 세진다.

03. 답 ③

해설 나침반과 지구 자석 사이에는 자기력이 작용하며 자기력은 자석과 쇠붙이 사이에서도 작용한다.
[바로 알기] ① 자기력은 인력과 척력 모두 작용한다.
② 전기력과 자기력은 서로 떨어져 있어도 힘이 작용하고, 두 물체 사이가 가까울수록 힘이 커지는 공통점이 있다.
④ 거리가 멀어질수록 자기력은 약해진다.
⑤ 두 물체가 떨어져 있거나 붙어있어도 자기력이 작용한다.

04. 답 ⑤

해설 ⑤ 자석을 이용하여 클립을 들어 올릴 때는 접촉하지 않은 상태에서 자기력이 작용한 것이다.
[바로 알기] ① 자석을 반으로 쪼개면 자기력이 약해진다.
② 클립의 수와 자기력의 세기는 상관 없다.
③ 자석과 클립 사이에는 자기력이 작용한다.
④ 자석의 양끝에서 자기력이 가장 세다.

[유형 3-3] 답 ⑤

해설 마찰력은 물체가 면에 닿아있는 면적과는 무관하고 물체의 무게와 표면의 거칠기에 따라 다르다.
①과 ②의 마찰력이 같고, ③과 ④의 마찰력이 같다.
⑤에서는 ③과 ④ 경우의 물체의 무게보다 무겁기 때문에 ⑤의 경우 물체에 작용하는 마찰력이 가장 커서 움직이기 가장 어렵다.

05. 답 ③

해설 마찰력은 물체가 닿아있는 면적과는 무관하고 물체의 무게가 클수록 표면의 거칠수록 커진다. 그러므로 (가)와

(다)의 마찰력의 크기는 같고, (나)는 가장 큰 마찰력이 작용하기 때문에 움직이는 순간 눈금의 크기가 가장 크다.

06. 답 ⑤
해설 ①~④는 모두 마찰력을 작게 하기 위한 방법들이다. ⑤ 투수가 송진 가루를 손에 바르는 것은 마찰력을 크게 하여 공이 미끄러지지 않게 하기 위해서이다.

[유형 3-4] 답 ①
해설 탄성력은 물체에 작용한 힘의 방향과 반대 방향으로 작용을 하며, 용수철에 물체를 매달았을 경우에는 물체의 무게와 같은 크기, 반대 방향으로 탄성력이 작용한다.

07. 답 ⑤
해설 탄성력의 방향은 물체 또는 용수철에 작용한 힘의 방향과 반대 방향이다.

08. 답 ①
해설 ① 탄성을 가진 물체를 탄성체라고 한다.
[바로 알기] ② 탄성력은 탄성체에 작용한 힘의 크기와 같다.
③ 탄성체가 변형이 많이 될수록 외부에서 힘을 크게 가한 것이므로 탄성력의 크기는 커진다.
④ 탄성력의 방향은 탄성체에 작용한 힘의 방향과 반대 방향이다.
⑤ 모양을 변형시켰을 때 원래의 상태로 되돌아 가려는 성질은 탄성, 원래의 상태로 되돌아 가려는 힘을 탄성력이라고 한다.

창의력 & 토론마당　　　　　56 ~ 59쪽

01
(1) 〈예시 답안〉 정전 필터 사용 마스크를 쓸 것이다. 그 이유는 황사와 미세 먼지는 일반 마스크로는 막을 수 없다고 한다. 그래서 전기력으로 미세 먼지를 잡아주는 정전 필터 마스크를 사용할 것이다.
(2) 〈예시 답안 1〉 겨울철에 안경과 마스크를 함께 쓰면 안경에 뿌옇게 김이 서려서 불편하다. 그래서 내가 내뿜는 입김을 자동으로 처리해 주는 기능을 추가하고 싶다.
〈예시 답안 2〉 내가 내뿜는 입냄새까지 처리해 주는 기능을 추가하고 싶다.

(1) 해설 정전 필터 마스크는 여러 겹의 필터 구조와 먼지의 정전기적 특성을 이용하여(풍선에 종이가 달라붙는 것과 같은 원리) 미세 먼지를 흡착할 수 있는 정전 부직포의 흡착 능력을 이용하여 미세 먼지를 차단하는 것이다. 세탁을 하면 정전 필터의 흡착 능력이 떨어지기 때문에 세탁을 하면 안된다.

02
(1) 〈예시 답안〉 자기력의 서로 밀어내는 힘인 척력을 이용하여 침대를 부양시키는 것이다.
(2) 〈예시 답안〉 자동차를 부양시키기 위해서는 자기 부상 열차와 같이 자동차를 자석의 한 극으로 하고, 도로를 같은 극을 띠게 하는 것이 필요할 것이다. 공중에 떠서 이동을 하게 되면 바닥과의 마찰력이 줄어들어 더 빠르게 이동이 가능할 것이다. 하지만 공중 부양 침대의 단점처럼 위치의 고정이 어렵기 때문에 원하는 방향으로 자동차를 움직이기가 어려울 것이다.

해설 공중 부양 자동차를 자기 부상 열차와 같은 원리로 움직인다면 자기 부상 열차와 같은 장점과 단점이 있을 것이다. 우선 바닥과의 마찰이 거의 발생하지 않기 때문에 소음과 진동이 적고 빠른 속도가 가능하다. 또한 마찰이 적어진 만큼 부품의 소모가 적어서 유지 보수 및 운영비가 저렴할 것이고, 오염 배출도 적어 친환경적일 것이다.

03
나무 사이의 거리가 일정하므로 더 적은 개수의 덩굴을 이용하기 위해서는 한 번에 더 많이 늘어나서 이동 거리를 길게 해 주는 것이 좋을 것이다. 그러므로 같은 몸무게로 매달렸을 때 늘어난 길이가 더 긴 ②번 덩굴을 이용하면 더 적은 개수의 덩굴을 이용하여 건너편으로 갈 수 있을 것이다.

04
볼링을 치는 자세를 보면 마지막에 왼쪽 다리를 고정시킨 후 공을 던지는 것을 볼 수 있다. 그렇기 때문에 왼쪽 신발은 바닥과의 마찰력을 세게 하여 미끄러지지 않게 할 필요가 있다

해설 마찰력이란 두 물체의 접촉면 사이에서 물체의 운동을 방해하는 힘이다. 볼링화의 마찰력을 크게 해주면 바닥에서 신발이 미끄러지려고 하는 운동을 방해하는 힘이 커지기 때문에 안정된 자세로 볼링을 할 수 있게 된다.

05
〈예시 답안〉 무한이는 아침에 늦게 일어나서 교복을 대충 걸쳐 입고 학교로 뛰어 갔다. 너무 열심히 뛰어서인지 교복 치마가 스타킹으로 인해 말려 올라가 버렸다(전기력). 3교시 체육 시간에는 두 팀으로 나누어서 피구를 하였다. 피구공에 맞고 튕겨나간 공을 잡느라 신나게 뛰어다닐 수 있었다(탄성력). 체육 시간에 너무 신이 난 나머지 바닥에 얼음이 있는지도 모르고 뛰다가 넘어지기도 하였다(마찰력). 학교에서 돌아온 후 엄마가 냉장고에 붙여둔 자석 메모지를 보고(자기력) 간식을 챙겨 먹고 숙제를 하면서 엄마가 돌아오시기를 기다렸다.

01. (1) 전 (2) 자 (3) 자		**02.** (1) O (2) X (3) O		
03. (1) O (2) X (3) O		**04.** A와 D, B와 C		
05. ㄴ, ㄷ		**06.** ㄹ, ㄷ, <		
07. ㄱ, ㄴ, ㄹ		**08.** ㄴ, ㄷ, ㄹ		
09. ㄴ, ㄱ, ㄷ		**10.** ㄱ, ㄷ, ㅁ		
11. ⑤	**12.** ①	**13.** ③	**14.** ③	**15.** ③
16. ④	**17.** ②	**18.** ②	**19.** ③	**20.** ④
21.~ 22. 〈해설 참조〉				

01. 답 (1) 전 (2) 자 (3) 자

해설 (1) 전기력은 전기를 띤 물체 사이에 작용하는 힘이다.(전)
(2) 자석과 쇠붙이 사이에 작용하는 힘은 자기력이다.(자)
(3) 자기 부상 열차는 열차와 선로를 각각 자석의 같은 극으로 만들어 자기력이 작용하여 뜨게 된다.(자)

02. 답 (1) O (2) X (3) O

해설 (1) 마찰력은 물체와 접촉면 사이에서 발생하며 물체의 운동을 방해하는 힘이다.
(2) [바로 알기] 마찰력은 접촉면이 거칠수록 커진다.
(3) 접촉면 위의 물체의 무게가 무거울수록 큰 마찰력이 작용한다.

03. 답 (1) O (2) X (3) O

해설 (1) 탄성체를 변형시켰을 때 원래의 상태로 되돌아가려는 힘(복원력)을 탄성력이라고 한다.
(2) [바로 알기] 탄성력은 물체에 작용한 힘과 반대 방향으로 작용한다.
(3) 탄성력의 크기는 탄성체를 변형시키기 위해 탄성체에 가한 힘의 크기와 같다.

04. 답 A와 D, B와 C

해설 A와 B. C와 D 사이에는 인력이 작용하기 때문에 서로 다른 전기를 띠고 있으며, B와 C사이에는 척력이 작용하기 때문에 서로 같은 전기를 띤다. 따라서 A와 D는 같은 전기를 띤다.

05. 답 ㄴ, ㄷ

해설 [바로 알기] ㄱ. 먼지 떨이에 먼지가 붙고, ㄹ. 겨울철 털조끼를 벗을 때 머리가 달라붙는 것은 마찰 전기에 의한 전기력 때문에 발생한다.

06. 답 ㄹ, ㄷ, <

해설 면이 물체에 작용하는 마찰력의 크기는 동일한 물체일 경우 접촉면과 닿는 면적과는 무관하기 때문에 A, B, C에 작용하는 마찰력은 모두 같다. 하지만 D의 경우 무게를 2배로 해주었기 때문에 A, B, C보다 작용하는 마찰력이 크

다(2배). 따라서 마찰력의 크기는 A = B = C < D 순이다.

07. 답 ㄱ, ㄴ, ㄹ

해설 ㄷ. [바로 알기] 수영장 미끄럼틀에 물을 흘려 보내는 것은 마찰력을 줄여주어 더 잘 미끄러지게 하기 위함이다.

08. 답 ㄴ, ㄷ, ㄹ

해설 ㄴ. 컴퓨터 자판은 사람이 눌러 글자를 입력한 후 다시 원래의 상태로 되돌아 오는 탄성력을 이용한다.
ㄷ. 자전거 안장 아래의 스프링은 턱을 넘는 등 갑작스런 충격이 왔을 때 안장에 앉아있는 사람에게 충격을 줄여주는 역할을 한다.
ㄹ. 침대 매트리스 아래에 설치된 스프링은 침대에서 더 안락한 수면을 취할 수 있게 한다.
[바로 알기] ㄱ. 자동차 스노우 체인은 마찰력을 크게 하여 미끄러지지 않게 하기 위해 사용되는 기구이다.
ㅁ. 자기 부상 열차는 자기력의 힘으로 선로 위를 뜰 수 있다.
ㅂ. 프린터는 종이와 잉크 사이의 전기력을 이용해 인쇄를 선명하게 할 수 있다.

09. 답 ㄴ, ㄱ, ㄷ

해설 전기력과 자기력은 두 극이 있어 같은 종류의 전기(극) 사이에는 (ㄴ. 척력), 다른 종류의 전기(극) 사이에는 (ㄱ. 인력)이 작용한다. 또한 두 물체가 떨어져 있어도 힘이 작용하고, 두 물체(자석) 사이의 거리가 가까울수록 작용하는 힘이 (ㄷ. 커진다.)

10. 답 ㄱ, ㄷ, ㅁ

해설 물체가 탄성체일 때 탄성력의 크기는 물체에 작용한 힘의 크기와 (ㄱ. 같다). 또한 탄성체가 많이 변형될수록 탄성력의 크기가 (ㄷ. 커진다). 탄성력의 방향은 물체에 작용한(가한) 힘의 방향과 (ㅁ. 반대이다).

11. 답 ⑤

해설 전기력은 같은 극끼리는 서로 밀어내는 척력이 작용하고, 다른 극끼리는 서로 끌어당기는 인력이 작용한다.

12. 답 ①

바른 풀이 ② 물줄기와 물체는 서로 다른 종류의 전기를 띠고 있기 때문에 인력이 작용하여 물줄기가 휜 것이다.
[바로 알기] ② 물줄기와 물체는 서로 다른 종류의 전기를 띠고 있기 때문에 서로 잡아당기는 것이다.
③ 물줄기와 물체 사이에는 전기력이 작용하고 있다.
④ 전자석 기중기로 물체를 들어올리는 것은 자기력을 이용한 것이다.
⑤ 물체를 마찰시켜야만 마찰 전기가 발생하여 물줄기를 휘게 할 수 있다.

13. 답 ③

해설 자기 부상 열차가 선로에서 뜰 수 있도록 하는 힘은 자기력이다.
③ [바로 알기] 두 자석 사이에 작용하는 자기력은 두 자석 사이가 가까울수록 커진다.
① 자기력에는 인력과 척력이 있다.
② 자기력은 자석과 쇠붙이인 클립 사이에도 작용한다.

④ 자기력은 두 자석이 붙어있어도 작용하고 떨어져있어도 작용하는 힘이다.
⑤ 나사못을 돌리는 드라이버 끝을 자석으로 만들면 드라이버 끝에 쇠붙이인 나사가 붙는다.

14. 답 ③

해설 자석 A가 자석 B쪽으로 끌려간 것은 두 자석 사이에 인력이 작용하고 있기 때문이다. 그러므로 (b)와 (c)극은 서로 다르고, (a)와 (b)극은 자석의 양쪽 극이므로 서로 다르다. 따라서 (b)만 다른 극이다.

15. 답 ③

해설 전기력과 자기력은 공통점으로 ㄱ. 인력과 척력이 있다는 점, ㄹ. 힘을 작용하는 두 물체 사이의 거리가 가까울수록 힘이 크다는 것이다.
[바로 알기] ㄴ. 서로 접촉했을 때 작용하는 힘과 ㄷ. 물체의 운동 방향과 반대 방향으로 힘이 작용하는 것은 마찰력과 탄성의 공통점이다.

16. 답 ④

해설 ④ 정지한 물체에 작용한 힘과 반대 방향으로 마찰력이 나타났으므로 마찰력의 방향이 맞다.
마찰력은 운동하는 방향이거나 운동하려는 방향과 반대 방향으로 작용한다.

[바로 알기] ① 물체가 정지해 있고 외부에서 작용하는 힘도 없다면 마찰력도 나타나지 않는다.
② 마찰력은 운동 방향과 반대로 나타난다.
③ 정지한 물체에 가한(작용한) 힘과 반대 방향으로 마찰력이 나타난다.
⑤ 운동하고 있는 물체에 있어서는 운동 방향과 반대 방향으로 마찰력이 나타나고 가한 힘과는 관계 없다.

17. 답 ②

해설 면 위에서 마찰력은 물체의 운동 방향과 반대 방향으로 작용한다. 물체가 ⑤ 방향으로 미끄러져 내려오고 있기 때문에 마찰력은 그 반대 방향인 ②쪽으로 작용한다.

18. 답 ②

해설 매단 물체의 무게만큼 원래의 상태로 되돌아 가기 위한 반대 방향으로 무게만큼 탄성력이 나타난다. 무거운 물체를 매달아도 조금 늘어나는 용수철이 있고, 가벼운 물체를 매달아도 많이 늘어나는 용수철이 있으므로 용수철의 길이를 보고 탄성력의 크기를 결정해서는 안된다.

19. 답 ③

해설 ③ 스키는 눈 위에서 마찰력을 작게 해주어 빠른 속력으로 골인 지점에 도달하게 하는 운동이다.
[바로 알기] ① 다이빙 보드의 탄성력을 이용해 다이빙을 한다.
② 배구공의 탄성력을 이용해 스파이크를 하며, 그물을 탄성력있게 만들어 선수가 다치지 않게 한다.
④ 양궁에서는 활의 탄성력에 의해 화살이 날아간다.

⑤ 뜀틀에서 받침대의 탄성을 이용해 높게 뛸 수 있다.

20. 답 ④

해설 ④ [바로 알기] B와 C에서 추의 무게가 연직 아래 방향으로 작용하므로 작용한 탄성력의 방향은 각각 위쪽으로 같다.
①, ②, ③ 용수철에 물체를 매달면 물체의 무게만큼의 탄성력이 반대 방향으로 작용한다. 따라서 B의 탄성력이 3 N, C의 탄성력이 5 N이므로, B의 탄성력의 크기가 C보다 작다.
⑤ 1 N에 1cm 씩 늘어나는 용수철을 사용하여 물체를 매달았기 때문에 8 N의 물체를 매달면 8 cm가 늘어난다.

21. 〈예시 답안〉 황사나 미세 먼지는 입자가 너무 작아 일반 면 마스크는 막지 못하고 그냥 통과시킨다. 그래서 정전기로 매우 작은 입자를 붙여서 잡아내는 정전 필터가 겹겹이 장치되어 있는 정전 필터 마스크를 착용해야 한다.

22. 답 단단한 나무로 된 뒷굽은 탄성이 거의 없으므로 역도 선수가 무거운 역기를 들어 올릴 때 신발의 모양이 거의 변하지 않은 상태에서 중심을 잡아 안정성 있게 서있을 수 있기 때문이다.

해설 역도는 역기라는 매우 무거운 기구를 들어 올려야 하는 운동으로 역도 선수들은 이 무거운 역기를 들고 제대로 중심을 잡는데 도움을 주는 신발을 신는다.
역도 선수들이 역기를 들 때 신는 신발의 뒷굽은 나무로 되어 있다. 그 이유는 안정성 때문이다. 무거운 역기를 들어 올리면 엄청난 하중이 발에 쏠리게 된다. 이때 쿠션처럼 폭신폭신한 재질의 뒷굽의 신발을 신으면 무거운 역기 때문에 중심을 잃게 되고, 넘어져 발을 다칠 수 있다. 따라서 발을 보호하고 안정적으로 역기를 들기 위해서 나무 굽의 신발을 신는 것이다.

4강. Project 1

제 5의 힘?

Q1 〈예시 답안〉 중력, 즉, 만유인력은 질량을 가진 물체에 작용하며 작용 거리는 무한대이다. 강한 핵력과 약한 핵력은 중력보다는 큰 힘이지만 작용 범위가 원자 또는 원자 규모이며, 전자기학은 전하 사이에 작용하는 힘이므로 우주 전체에 분포하는 질량들 사이에 작용하지 못한다. 따라서 우주 전체에 작용할 수 있는 힘은 가장 약한 힘인 중력이며, 우주 전체의 형성에 가장 큰 영향을 준 힘이다.

Q2 〈예시 답안〉 거꾸로 작용하는 중력을 만들고 싶다. 교통이 혼잡할 때 거꾸로 된 중력을 만들어서 하늘에 거꾸로 매달린 채 달릴 수 있는 도로를 이용할 수 있도록 한다.

탐구 1. 마찰력 분석

Q1 정답 : ③ 과정   이유 : ①, ③, ④ 과정은 나무 도막 1개를 끌 때 작용하는 마찰력을 비교하는 실험으로 나무 도막의 무게가 같을 때는 수직항력이 같으므로 마찰력은 면의 거칠기에만 비례한다. 면의 거칠기는 ③ 과정이 가장 크므로 나무 도막을 움직일 때 드는 힘이 가장 커서 저울의 눈금이 가장 크게 나온다.

Q2 마찰력은 물체가 면 위에서 운동할 때 면이 물체에 작용하여 물체의 운동을 방해하는 힘이다.
· ①과 ②에서 ②를 잡아당기는 용수철 저울의 눈금이 2배 더 크게 나오는 것으로 보아 마찰력은 물체의 무게에 비례한다.
· ①과 ④에서 용수철 저울의 눈금은 같이 나오는 것으로 보아 마찰력은 접촉면의 넓이와는 상관없다.
· ①과 ③에서 접촉면이 거칠수록 용수철 저울의 눈금이 더 크게 나오는 것으로 보아 마찰력은 접촉면이 거칠수록 커진다.

탐구 2. 두 힘의 합성

Q1 실험은 두 힘의 합성 실험으로 $F_1 + F_2 = F$ 가 된다. 만약 F_1과 F_2 가 120°를 이룬다면 F_1, F_2, F의 각각의 크기(길이)는 모두 같게 된다.

해설
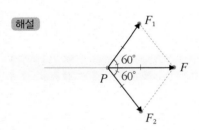

Q2 F_1과 F_2 가 모두 5 N을 나타냈고, 크기가 같으므로 두 힘의 합성인 F의 크기는 $5\sqrt{2}$ N이 된다.

해설
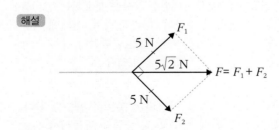

작용과 반작용의 법칙(뉴턴 운동의 제 3법칙)

Q1 〈예시 답안〉 공기가 있는 경우 떨어지는 사과에는 지구가 잡아당기는 중력, 공기에 의해 운동 방향의 반대 방향으로 마찰력이 작용한다. 지구가 사과를 잡아당기는 중력은 사과가 지구를 잡아당기는 중력과 작용 반작용 관계이다. 사과에 작용하는 마찰력은 사과가 공기에 작용하는 힘과 작용·반작용 관계이다.

Q2 용수철 저울 A와 용수철 저울 B의 눈금은 같다. 용수철 저울A가 왼쪽 벽과 작용 반작용하는 힘과 용수철 저울 B가 왼쪽 물체와 작용 반작용하는 힘은 서로 같기 때문이다.

Q3 지표면에서 떨어지는 물방울의 질량이 아무리 작다고 하더라도 지구로부터 중력을 받는다. 동시에 작용 반작용 법칙에 의해 지구로부터 받는 힘과 같은 크기의 힘으로 물방울은 지구를 잡아당긴다.

Ⅱ 운동

5강. 운동의 표현

개념확인 | 72 ~ 75쪽

1. ⑤   **2.** ④   **3.** ③   **4.** 2 m/s (200 cm/s)

1. 답 ⑤
해설 기준점, 방향, 거리를 모두 표시해야 한다. 집은 학교(기준점)로부터 서쪽으로(방향) 800 m(거리) 떨어져 있다.

2. 답 ④
해설 $\dfrac{1.2\text{km}}{4\text{분}} = \dfrac{1200\text{m}}{240\text{초}} = 5$ m/s

3. 답 ③
해설 속력이 일정하고 운동 방향만 변하는 운동은 원운동이다.
③ 대관람차와 회전목마는 속력이 변하지 않고 방향이 변하는 등속 원운동을 한다. 회전목마의 위아래 운동은 생각하지 않는다.
[바로 알기] ①, ② 그네, 바이킹은 운동 방향과 속력이 모두

변하는 운동을 한다.
④ 에스컬레이터와 무빙워크는 속력과 운동 방향이 일정한 운동을 한다.
⑤ 비스듬히 위로 던지거나 차올린 물체의 운동은 포물선 운동을 하며, 속력과 운동 방향이 모두 변하는 운동을 한다.

4. 답 2 m/s (200 cm/s)

해설 타점 7개 사이의 거리는 6타점이 찍히는 시간 동안 간 거리이다.
1초 동안 60타점을 찍는 시간 기록계는 1타점을 찍는데 $\frac{1}{60}$초가 걸린다. 그러므로 6타점을 찍는 데 $\frac{6}{60}=0.1$초가 걸린다. 그동안 운동한 거리는 20cm이므로 속력은
$$\frac{20cm}{0.1초}=200\ cm/s=2\ m/s\ 이다.$$

---

1. 답 ④

해설 깃발까지의 거리가 5 m이고 다시 같은 거리를 돌아오므로 총 이동 거리는 10 m이다.

2. 답 ②

해설 각각의 속력은 다음과 같다.
① $\frac{5m}{1초}=5\ m/s$ ② $\frac{100m}{200초}=0.5\ m/s$ ③ $\frac{60m}{3초}=2m/s$
④ $\frac{200m}{25초}=\ m/s$ ⑤ $\frac{100m}{10초}=10\ m/s$

3. 답 ⑤

해설 속력이 일정하고 운동 방향이 계속 바뀌는 운동은 원운동이다. ⑤ 회전목마의 운동은 원운동이다. 위아래 운동은 생각하지 않는다.
[바로 알기]
① 활주로에 착륙하는 비행기의 운동은 속력이 변하고(감소하고) 방향이 일정한 운동이다.
② 위로 던져 올린 농구공의 속력은 계속 변한다.
③ 낙하하는 스카이다이버의 속력은 점점 빨라진다.
④ 미끄러져 내려오는 눈썰매의 속력은 점점 빨라진다.

4. 답 ②

해설 1초에 60타점을 찍는 시간기록계는 1타점 찍는 데 1/60초가 걸리고, 그림의 AB 구간 동안에는 6타점을 찍었으므로 0.1초가 걸린다. 이동 거리는 3 cm이므로
물체의 속력 $=\frac{3cm}{0.1초}=\frac{30cm}{1초}=30\ cm/s$이다.

★ 지금 나의 위치와 목적지를 찾고, 방향을 찾은 후, 거리를 재서 찾아간다.

★★ 이동 거리는 같은데, 먼저 들어온 거북이가 달린 시간이 더 짧았으므로 평균 속력은 거북이가 더 빠르다.

★★★ 자동차가 출발하거나 멈출 때, 공중으로 던진 물체의 운동 등

★★★★ 다중 섬광 장치로 연속 사진을 찍는다.

---

01. 답 ④

해설 A에서 B까지의 이동 거리와 B에서 C까지의 이동 거리를 모두 더한 것이므로 2 km + 3 km = 5 km이다.

02. 답 ①

해설 1분 = 60초, 이동 거리 = 600 m이므로 물체의 속력은
$\frac{600m}{60초}=10\ m/s$이다.

03. 답 ②

해설 전체 이동 거리 = 500 + 700 = 1200 m, 전체 걸린 시간 = 10분 = 600초 이다.
$$\therefore 평균\ 속력=\frac{전체\ 이동\ 거리}{전체\ 걸린\ 시간}=\frac{1200m}{600초}=2\ m/s$$

04. 답 ②

해설 ②원운동하는 회전 목마는 속력이 일정하고 방향이 계속 바뀐다.
[바로 알기]
① 롤러코스터는 좌우상하로 운동 방향이 계속 변하고 속력도 계속 변한다.
③ 드롭타워는 운동 방향은 아래 방향으로 일정하나 떨어지면서 속력이 계속 변한다.
④ 연직 방향 번지점프는 운동 방향은 아래 방향이었다가 위로 바뀌며, 속력이 계속 변한다.
⑤ 바이킹은 그네와 마찬가지로 운동 방향과 속력이 모두 변한다.

05. 답 ①

해설 6타점 사이의 거리는 5타점을 찍는 시간이다. 1초에 50타점을 찍는 시간기록계에서, 10cm를 가는 동안 5타점을 찍었으므로 이동 거리 = 10cm, 걸린 시간 = 0.1초이다.
$$\therefore 자동차의\ 속력=\frac{10cm}{0.1초}=100\ cm/s=1\ m/s$$

06. 답 ⑤

해설 물체에 종이 테이프를 붙이고 왼쪽으로 운동하는 경우에 타점 간격이 늘어나므로 물체는 속력이 점점 빨라지는 운동을 한다.
⑤ [바로 알기] 위로 던진 물체의 운동은 올라가는 동안 속력이 점점 느려지고, 내려오는 동안 점점 빨라지므로 이 종이 테이프에 나온 기록과는 다른 운동이다.
① 이 물체는 왼쪽으로 속력이 점점 빨라지는운동을 한다.
② A~B는 6타점이 찍히는 시간이므로 0.1초가 걸린다.
③ 고정된 곳에 타점을 찍는 장치가 있고 물체는 왼쪽으로 운동하므로 왼쪽에 있는 타점이 먼저 찍힌다. 따라서 A 점이 B 점보다 먼저 찍힌 것이다.
④ A~B까지 걸린 시간은 0.1초이고, 거리는 2cm이므로
평균 속력은 $\frac{2cm}{0.1초} = 20$ cm/s $= 0.2$ m/s이다.

유형 익히기 & 하브루타   78 ~ 81쪽

[유형 5-1] ③	01. ⑤	02. ⑤
[유형 5-2] ②	03. ①	04. ④
[유형 5-3] ③	05. ④	06. 속력
[유형 5-4] ③	07. ③	08. ⑤

[유형 5-1] 답 ③
해설 위치를 정확하게 설명하기 위해서는 기준점, 방향, 거리를 모두 나타내야 한다.
③ [바로 알기] 방향이 나와 있지 않으므로 정확하지 않다.

01. 답 ⑤
바른 풀이 ⑤ A에서 B를 거쳐 C까지 가는 이동 거리는 A에서 C까지 바로 가는 이동 거리보다 길다.

02. 답 ⑤
해설 이 사람의 이동 거리 = 처음 달려간 거리 + 그 다음 걸어간 거리 + 자전거를 탄 거리 = 200m + 300m + 1km = 200m + 300m + 1000m = 1500m이다.

[유형 5-2] 답 ②
해설 집에서 빵집까지 거리는 3 km이고, 왕복 거리는 6 km이다. 걸린 시간은 1시간 30분 = 1.5시간이므로,
평균 속력 $= \frac{6km}{1.5시간} = 4$ km/h이다.

03. 답 ①
해설 전체 이동 거리 = 500m
전체 걸린 시간 = 100초 + 200초 + 200초 = 500초
$$\therefore 평균 속력 = \frac{500m}{500초} = 1 \text{ m/s}$$

04. 답 ④
해설 전체 이동 거리 = 8km(갈 때) + 8km(올 때) = 16km,
전체 걸린 시간 = 1시간 30분 + 2시간 30분 = 4시간
이므로 평균 속력 $= \frac{16km}{4시간} = 4$ km/h

[유형 5-3] 답 ③

해설 속력이 일정하고 운동 방향이 계속 변하는 운동은 원운동이다. ③ 선풍기 날개의 운동은 속력이 일정하고 방향이 계속 바뀌는 등속 원운동이다.
[바로 알기]
① 그네의 운동은 운동 방향과 속력이 모두 변하는 운동이다.
② 무빙워크의 운동은 속력과 운동 방향이 모두 일정하다.
③ 물체를 수평으로 던지면 포물선 운동을 하여 지면에 떨어지므로 운동 방향과 속력이 모두 변하는 운동이다.
⑤ 나무에서 떨어지는 사과는 속력이 계속 빨라지고, 운동 방향은 연직 아래 방향으로 일정한 운동을 한다.

05. 답 ④
해설 ④ [바로 알기] 속력과 방향이 일정하게 유지되는 운동은 등속 직선 운동이다. 가속도 운동은 속력이 변하거나, 방향이 변하거나, 속력과 방향이 모두 변하는 운동이다.
⑤ 같은 속력으로 회전하는 운동은 원운동으로 운동 방향이 계속 변한다.

06. 답 속력
해설 가속도 운동은 물체의 속력이 변하거나, 운동 방향이 변하거나 또는 운동 방향과 속력이 모두 변하는 운동이다.

[유형 5-4] 답 ③
해설 ㄱ. A, B의 타점 간격이 일정하므로 속력이 일정한 운동이다.
ㄹ. 물체 B는 속력이 일정한 운동을 하므로 운동 시간이 2배, 3배, … 가 되면, 이동 거리도 2배, 3배, … 가 된다.
ㄴ. [바로 알기] A의 타점 간격이 B보다 넓으므로 같은 시간에 더 많은 거리를 갔다. 따라서 속력은 A가 더 빠르다.
ㄷ. [바로 알기] 타점 간격이 일정하므로 속력이 변하지 않는 운동이다.

07. 답 ③
해설 7타점 사이의 시간은 6타점을 찍는 시간이다. 1초 동안 60타점을 찍는 시간 기록계는 6타점을 찍는데 0.1초가 걸린다. 6타점을 찍는 동안 이동한 거리는 10cm
이므로 이 수레의 속력은 $\frac{10cm}{0.1초} = 100$ cm/s $= 1$ m/s이다.

08. 답 ⑤
해설 물체는 왼쪽 방향으로 운동한다. ①과 ⑤가 타점 사이의 간격이 일정하므로 일정한 속력으로 운동하는 것이다. 타점 사이의 간격이 ⑤가 더 넓으므로 ⑤가 ①보다 더 빠르게 운동한다.

한 타점 동안 이동한 거리
운동 방향

[바로 알기]
① 일정한 속력이나 ⑤보다 느리다.
② 속력이 점점 빨라진다.
③ 속력이 점점 느려진다.
④ 속력이 점점 빨라지다가 다시 점점 느려진다.

01

(1) 안쪽 트랙은 바깥쪽 트랙보다 이동 거리가 짧기 때문에 이 경기는 공정하지 않다.

(2) 각 트랙의 이동 거리가 같도록 출발선을 다르게 한 후 경기를 해야 한다.

해설 달리기 시합은 동시에 출발하여 먼저 들어오는 사람이 이기는 방식으로 진행되므로 공정한 시합이 되려면 이동 거리가 같아야 한다.

02

같은 시간 간격으로 기록했을 때 다음 순간까지의 간격이 가장 넓은 B 위치에서 선수의 속력이 가장 빠르다.

해설 다중 섬광 장치와 같이 일정한 시간마다 물체의 움직임을 기록하는 경우는 물체의 움직임이 찍히는 순간부터 그 다음 순간까지의 이동 거리가 길수록 물체가 찍힌 사진들의 간격이 넓어지고, 이동 거리가 길다는 것은 속력이 빠르다는 것을 의미한다.

03

(1) 지구가 공을 잡아당기는 중력이 작용하기 때문이다.

(2) 지구의 곡면을 따라 지표면 주위를 회전할 것이며, 계속해서 아래쪽 방향을 향하지만 바닥에 닿지 않을 것이다.

해설 지구상의 모든 물체는 지구 중심 방향의 인력인 중력을 받고 있지만, 공을 조금씩 빨리 던질수록 공이 조금씩 멀리 날아가고, 언젠가는 땅에 떨어지지 않고 날아갈 수 있지 않을까 하는 상상력에서 시작된 문제이다(뉴턴의 사고력 실험). 적당한 빠른 속력으로 물체를 던지는 경우 물체가 땅에 떨어지지 않고 지구의 곡면을 따라서 지표면 주위를 회전한다.

04

(1) 70km/h

(2) 평균 속력이 70 km/h이므로 제한 속력보다는 느리지만 경찰에게 잡힌 이유는 경찰이 측정한 속력인 순간 속력이 80km/h를 초과했기 때문이므로 범칙금을 내야 한다.

해설 (1) 총 이동 거리 = 140 km, 걸린 시간 = 2시간,

평균 속력 $= \dfrac{140km}{2시간} = 70$ km/h

(2) 속도 위반은 위반하는 순간의 속력으로 위반 여부를 결정한다. 따라서 평균 속력이 제한 속력보다 느리기 때문에 범칙금을 내지 않겠다는 주장은 성립하지 않는다.

01. (1) ○ (2) X   **02.** 7   **03.** 20   **04.** 10

05. (1) ○ (2) X (3) X

06. ㉠ 속력 ㉡ (운동) 방향

07. (1) ○ (2) X (3) ○   **08.** (1) ○ (2) X (3) ○

09. (1) X (2) X (3) ○   **10.** (1) X (2) X

11. ③   **12.** ④   **13.** ①   **14.** ④   **15.** ①

16. ②   **17.** ③   **18.** ④   **19.** ②   **20.** ②

21.~ 22. 〈 해설 참조〉

01. 답 (1) ○ (2) X

해설 (1) 위치를 표시할 때에는 기준점 방향 거리를 모두 말해야 한다. 나무는 사람(기준점)의 동쪽(방향) 80m(거리)에 있다.

(2) [바로 알기] 자동차는 나무로부터 동쪽으로 20m 되는 지점에 있다.

02. 답 7

해설 3 m + 4 m = 7 m

03. 답 20

해설 72 km/h = 72000m/3600s = 20 m/s

04. 답 10

해설 36 km/h = 36000m/3600s = 10 m/s

05. 답 (1) ○ (2) X (3) X

해설 속력을 일정하면서 운동 방향이 계속 변하는 운동은 등속 원운동이다.

(1) 회전목마의 운동은 등속 원운동이다.

(2) [바로 알기] 낙하하는 스카이다이버는 처음에 중력에 의해 속력이 빨라지는 가속도 운동을 하다가 공기 저항력이 증가하여 중력이 같아지는 순간부터 속력이 일정하고 방향도 변하지 않는 운동을 한다.

(3) [바로 알기] 내려오는 에스컬레이터의 운동은 속력과 방향이 변하지 않는 운동이다.

06. 답 ㉠ 속력 ㉡ (운동) 방향

해설 등속 원운동은 물체의 속력은 변하지 않고 운동 방향이 계속 변하는 운동을 말한다.

07. 답 (1) ○ (2) X (3) ○

해설 가속도 운동은 속력이 변하거나 방향이 변하는 운동, 또는 속력과 방향이 모두 변하는 운동이다. - (1), (3)

(2) [바로 알기] 물체의 속력과 방향이 일정한 운동은 등속 직선 운동으로 가속도 운동이 아니다.

08. 답 (1) ○ (2) X (3) ○

바른 풀이 (1) 물체의 운동 방향은 왼쪽이므로 왼쪽에 있는

타점일수록 먼저 찍힌 타점이다.
(2) [바로 알기] 운동 방향은 왼쪽이고, 나중에 찍힌 타점의 간격들이 점점 넓어진다. 그러므로 물체의 속력은 점점 빨라진다.
(3) 왼쪽으로 출발 중의 자동차의 속력은 왼쪽으로 점점 빨라지므로 오른쪽 방향으로 타점의 간격이 점점 넓어진다.

09. 답 (1) X (2) X (3) O
해설 물체의 운동 방향은 오른쪽이므로 오른쪽에 있는 타점일수록 먼저 찍힌 것이다.
나중에 찍힌 타점의 간격이 점점 줄어드므로 물체의 속력이 점점 줄어드는 운동이다.
해설 (1) [바로 알기] 무빙워크는 일정한 속력으로 운동한다.
(2) [바로 알기] 빗면을 굴러 내려가는 수레의 속력은 점점 빨라진다.
(3) 브레이크를 밟은 자동차의 운동은 점점 느려진다.

10. 답 (1) X (2) X
해설 다중 섬광 장치 사진이다. 시간이 지나면서 공은 왼쪽에 위치하므로 공은 왼쪽 방향으로 이동하고 있으며, 1초당 찍힌 공의 간격이 줄어들고 있으므로 공의 속력은 점점 줄어든다.
해설 (1) [바로 알기] 공의 운동 방향은 왼쪽이다.
(2) [바로 알기] 공의 속력은 점점 줄어들기 때문에 변하는 것은 맞지만, 운동 방향은 변하지 않는다.

11. 답 ③
해설 ③ C 건물(기준점)에서 서쪽으로(방향) 2km(거리) 떨어져 있다. 기준점, 방향, 거리가 모두 표시되어 있다.
[바로 알기] ①, ②, ④는 거리가, ⑤는 방향이 빠져 있다.
① 우체국은 A 건물로부터 동쪽으로 3km 위치에 있다.
② 우체국은 A 건물로부터 동쪽으로 3km, C 건물로부터 서쪽으로 2km 위치에 있다.
④, ⑤ 우체국은 B 건물로부터 서쪽으로 1km 떨어져 있다.

12. 답 ④
해설 A는 거리, B는 방향을 말하지 않았고, C는 모두 정확하게 말했다.

13. 답 ①
해설 1일 = 24시간, 1시간 = 3600초, 1km =1000m이다.
① 지구의 자전 속력 = $\dfrac{48,000\text{km}}{24\text{시간}}$ = 2000 km/h
② $\dfrac{1000\text{m}}{10\text{초}}$ = $\dfrac{36,000\text{m}}{3600\text{초}}$ = $\dfrac{36\text{km}}{1\text{시간}}$ = 36 km/h
③ $\dfrac{120\text{km}}{1\text{시간}}$ = 120 km/h
④ $\dfrac{42.195\text{km}}{3\text{시간}}$ = 14.065 km/h   ⑤ $\dfrac{500\text{km}}{2\text{시간}}$ = 250 km/h

14. 답 ④
해설 기차가 앞부분이 들어갈 때부터 기차 뒷부분이 완전히 빠져나올 때까지의 거리는 터널의 길이 + 기차의 길이 = 450m + 50m = 500 m이고, 평균 속력은 100 m/s이므로 걸리는 시간 = $\dfrac{500\text{m}}{100\text{m/s}}$ = 5초이다.

15. 답 ①

해설 화장실을 다녀오는 데 총 이동 거리 : 200 m,
걸린 시간 = 30초 + 2분 + 50초 = 30초 + 120초 + 50초 = 200초
$$\therefore \text{평균 속력} = \dfrac{200\text{m}}{200\text{초}} = 1 \text{ m/s}$$

16. 답 ②
해설 총 이동 거리 = 서울에서 대전까지의 거리 + 대전에서 대구까지의 거리 + 대구에서 부산까지의 거리
= 150 km + 150 km + 150 km = 450 km
총 걸린 시간 = 3시간 + 2시간 + 4시간 = 9시간
평균 속력 = $\dfrac{450\text{km}}{9\text{시간}}$ = 50 km/h

17. 답 ③
해설 출발점(시간 : 0)에서 7번째(7초 후) 위치는 70 cm이다.
$$\therefore \text{자동차의 속력} = \dfrac{70\text{cm}}{7\text{초}} = \dfrac{0.7\text{m}}{7\text{초}} = 0.1 \text{ m/s}$$

18. 답 ④
해설 ④ 떨어지는 사과는 속력이 점점 빨라진다.
[바로 알기]
① 에스컬레이터는 속력과 방향이 일정한 운동을 한다.
②, ③, ⑤ 시계 바늘, 회전 목마, 회전 관람차는 모두 속력이 일정하고 방향이 계속 변하는 등속 원운동을 한다.

19. 답 ②
해설 ㄴ. AB 구간은 6타점 간격이므로 시간은 0.1초이다.
$$\therefore \text{평균 속력 } = \dfrac{10\text{cm}}{0.1\text{초}} = 100 \text{ cm/s} = 1 \text{ m/s}$$
ㄱ. [바로 알기] 왼쪽으로 타점 간격이 점점 넓어지는 것으로 보아 왼쪽으로 속력이 점점 빨라지는 운동이다.
ㄷ. [바로 알기] AB구간의 타점은 6개이므로 $\dfrac{6}{60}$ = 0.1초이다.

20. 답 ②
해설 ② AB 구간의 시간은 6타점 간격이므로 시간은 0.1초이다. ∴ 평균 속력 = $\dfrac{10\text{cm}}{0.1\text{초}}$ = 100 cm/s = 1 m/s 이다.

[바로 알기] ① 1 타점을 찍는 데 $\dfrac{1}{60}$ 초가 걸린다.

③ 오른쪽으로 물체의 속력이 증가하는 운동이다.
④ 타점 사이의 간격이 좁을수록 속력이 느리다.
⑤ A에서 B까지 6타점이므로 0.1초가 걸린다.

21. 답 〈예시 답안〉 공을 빠르게 던질수록 멀리가서 바닥에 떨어지므로 바닥에 떨어지지 않도록 아주 빠른 속력으로 공을 던지면 지구의 곡면을 따라 운동할 수 있다.

22. 답 사진에 찍힌 물체의 간격이 좁을수록 속력이 느리고, 간격이 넓을수록 속력이 빠르다.
해설 일정한 시간 간격으로 사진을 찍으므로 속력이 빠를수록 사진이 찍힌 순간부터 다음 찍히는 순간까지 움직인 거리가 길어져 사진에 찍힌 물체의 간격이 넓어지게 된다.

6강. 운동의 분석

개념확인　　　　　　　　　　　90 ～ 93쪽

1. (1) X (2) X (3) O (4) O
2. (1) 등속도 운동　(2) 5 m/초　(3) 5m/초
3. (1) O (2) X (3) O　　　　**4.** ③, ④

01. [답] (1) X (2) X (3) O (4) O

[해설] (1) [바로 알기] 등속도 운동은 속력과 운동 방향이 모두 일정한 운동이다.
(2) [바로 알기] 회전목마가 회전할 때는 운동 방향이 변하기 때문에 등속도 운동이 아니다.
(3) 우주 공간에서 엔진을 끈 우주선은 아무런 힘을 받지 않으므로 등속도 운동을 한다.
(4) 등속도 운동을 시간 기록계로 기록하면 종이 테이프에 찍힌 타점 간격이 일정하다.

02. [답] (1) 등속도 운동 (2) 5 m/초 (3) 5m/초

[해설] (1) 시간에 따라 이동 거리가 일정하게 늘어난다.
(2) 그래프의 기울기는 $\dfrac{y의\ 변화량}{x의\ 변화량} = \dfrac{15m}{3초} = 5$ m/초이다.
(3) 이동 거리 − 시간 그래프에서 기울기는 물체의 속력이다.

03. [답] (1) O (2) X (3) O

[해설] (1) 등가속도 운동은 속력이 일정하게 증가하거나 감소하는 운동이다.
(2) [바로 알기] 속력이 일정하게 감소하는 운동도 등가속도 운동이다.
(3) 번지 점프대에서 떨어지는 사람의 운동은 중력을 받아 속력이 일정하게 증가하는 등가속도 운동을 한다.

04. [답] ③, ④

[해설] ③ 기울기가 감소하므로 속력이 감소하는 운동이다.
④ 속력이 일정하게 감소하고 있다.
[바로 알기]
① 기울기가 증가하므로 속력이 증가하는 운동이다.
② 속력이 시간에 따라 증가하고 있다.
⑤ 기울기가 일정하므로 속력이 일정한 등속 운동이다.

확인+　　　　　　　　　　　90 ～ 93쪽

1. ②　　　**2.** ③　　　**3.** ②　　　**4.** ①

01. [답] ②

[해설] ② [바로 알기] KTX는 30분 동안 150 km씩 일정하게 이동하고 있기 때문에 등속도 운동을 하고 있는 것이다.
① 전체 걸린 시간은 2시간이고 전체 이동 거리는 600 km이므로 평균 속력은 300km/h이다.
③ 평균 속력이 300km/h이므로 1시간에 300km씩 이동하고 있다.
④ KTX의 이동 거리는 30분 당 150km씩 일정하게 증가하

고 있다.
⑤ 3시간 동안 이동 거리 = 평균 속력 × 시간 = 300×3 = 900 km이다.

02. [답] ③

[해설] 속력-시간 그래프에서 그래프 아래 부분의 넓이가 이동 거리이다. 5초 간 이동 거리는 5m/s × 5초 = 25m이다.

03. [답] ②

[해설] ② 각 구간에서의 평균 속력($\dfrac{전체\ 거리}{전체\ 시간}$)은 다음과 같다.
0~0.1초 : $\dfrac{5}{0.1}$ = 50 cm/s,　0.1~0.2초 : $\dfrac{15}{0.1}$ = 150 cm/s,
0.2~0.3초 : $\dfrac{25}{0.1}$ = 250 cm/s, 0.3~0.4초 : $\dfrac{35}{0.1}$ = 350 cm/s
∴ 0.2~0.3초 구간에서 평균 속력은 250 cm/s이다.
[바로 알기]
① 물체는 속도가 100cm/s씩 일정하게 증가하는 등가속도 운동을 하고 있다.
③ 물체의 속력은 시간이 지남에 따라 점점 증가하고 있다.
④ 0.1~0.2초 구간의 속력이 0.2~0.3초 구간의 속력보다 느리다.
⑤ 물체의 속력은 시간이 지남에 따라 100cm/s만큼씩 일정하게 증가하고 있다.

04. [답] ①

[해설] 등가속도 운동 그래프에서 평균 속력 × 시간이 이동 거리이며, 또는 속력-시간 그래프에서 그래프 아래 부분의 넓이가 이동 거리가 된다. ∴ 0 ~ 5 초 동안 물체가 이동한
거리 = $\dfrac{0+6}{2}$ (5초 동안 평균 속력) × 5초 = 15 m

생각해보기　　　　　　　　　90 ～ 93쪽

★ (예시) 사람이 무의식적으로 걸을 때 속력이 거의 일정한 운동을 한다.
★★ 진공 속에서는 중력만 작용하고 공기 저항이 없으므로 깃털은 등가속도 운동을 한다.
★★★ 떨어지는 빗방울도 계속 속력이 빨라진다. 그러나 공기 저항이 있기 때문에 속력이 어느 정도 빨라지다가 공기 저항력이 중력과 크기가 같아지면 더이상 속력이 빨라지지 않고 등속 운동하며 떨어지게 된다.

★ [해설] 일상 생활 속에서는 기계의 힘으로 등속도 운동을 하게 만드는 경우가 아니면 100% 등속 운동이 가능한 경우는 정지해 있는 경우 밖에 없다. 그것은 바닥이나 공기와의 마찰 등 외부 힘에 의해 속력이 계속 변하기 때문이다.

★★★ [해설] 진공 속에서 떨어지는 물체에는 중력만 작용하기 때문에 떨어지는 방향으로 속력이 점점 증가하게 된다. 하지만 진공 속이 아닌 공기 속에서 떨어지는 경우에는 떨어지는 방향과 반대 방향의 공기저항력을 받는다. 일반적으로 저항력은 속력이 빠를수록 더 커지는데, 일정 속도에 도달하면 공기 저항력과 중력의 크기가 같아져 물체에 작용하는 합력이 0이 되어 물체의 속력은 더이상 증가하지 않고 등속도 운동을 하게 된다. 하늘에서 떨어지는 소나기는 지상 4 ~ 5

km 정도에서 떨어진다. 만약 진공 속에서 빗방울이 떨어진다면 지표면에 도달했을 때 빗방울의 속도는 200 ~ 300 m/s 보다 빨라질 것이다. 소총에서 발사된 총알의 속도가 600 ~ 1000 m/s임을 보면 이 비의 속도가 매우 빠른 것을 알 수 있다. 하지만 공기의 저항력 때문에 실제 지표면에서의 빗방울의 속도는 약 2 ~ 20 m/s 정도이다.

개념 다지기		94 ~ 95쪽
01. ④	02. ③	03. ①
04. ③	05. ②	06. ④

01. 답 ④

해설 에스컬레이터 운동은 등속도 운동이다. 그러므로 속력이 일정한 ④번 그래프가 가장 적당하다.
① 속력이 일정하게 감소하는 그래프이다.
② 기울기가 감소하므로 속력이 감소하는 운동의 그래프이다.
③ 가속도가 일정하므로 속력이 일정하게 증가한다.
⑤ 기울기가 증가하므로 속력이 증가하는 운동의 그래프이다.

02. 답 ③

해설 등속도 운동 그래프에서 속력 × 시간이 이동 거리이다. 따라서 출발부터 3초 사이에 이동한 거리는 5m/s × 3초 = 15m이다. 그래프 아래쪽의 넓이를 구해도 된다.

03. 답 ①

해설 $\dfrac{\text{이동 거리}}{\text{시간}}$ = 속력이다. 즉 그래프의 기울기가 속력이 된다. 물체의 출발 지점부터 10초 사이의 속력은 $\dfrac{70m}{10초}$ = 7m/s이다.

04. 답 ③

해설 ③ 진공 속에서 떨어지는 물체는 중력만 받기 때문에 속력이 일정하게 증가하는 등가속도 운동을 한다.
[바로 알기] ① 등가속도 운동이다.
② 방향은 아래쪽으로 일정하다.
④ 공장의 컨베이터 벨트 운동은 등속도 운동이다.
⑤ 등가속도 운동을 기록한 시간 기록계의 타점 간격은 일정하게 증가한다.

05. 답 ②

해설 지하철은 승강장에 진입하면서 일정하게 속력을 감소시키는 등가속도 운동을 한다.
② 기울기가 감소하므로 속도가 감소하는 등가속도 운동이다.
[바로 알기] ① 속력이 일정하게 증가하는 등가속도 운동이다.
③ 시간에 따라 이동 거리가 일정하게 증가하고 있으므로 기울기가 일정한 등속 운동이다.
④ 그래프의 기울기가 시간에 따라 증가하고 있으므로 속력이 증가하는 가속도 운동이다.
⑤ 이동 거리가 일정하게 증가하는 속력이 일정한 운동이다.

06. 답 ④

해설 그래프는 시간에 따라 기울기가 증가하므로 속력이 증가하는 가속도 운동이다.
6 ~ 10초 구간에서 총 이동 거리는 (50 − 18) = 32 m이고, 총 걸린 시간은 4초이다.
$$\therefore \text{평균 속력} = \dfrac{\text{걸린 시간 동안 이동 거리}}{\text{총 걸린 시간}} = \dfrac{32m}{4초} = 8\ m/s$$

유형 익히기 & 하브루타		96 ~ 99쪽
[유형 6-1] ③	01. ④, ⑤	02. ③
[유형 6-2] ⑤	03. ⑤	04. ①
[유형 6-3] ②	05. ②	06. ①
[유형 6-4] ②	07. ④	08. ③

[유형 6-1] 답 ③

해설 물체의 간격이 일정하므로 등속도 운동을 하고 있다는 것을 알 수 있다.
③ [바로 알기] 자유 낙하 하는 물체는 등가속도 운동을 한다.
해설 ① 1초당 10 cm씩 움직이므로 속력은 10 cm/초이다.
② 이 물체는 등속도 운동을 하고 있다.
④ 이 물체의 운동을 시간 기록계를 이용하여 분석하면 등속 운동이므로 타점 간격이 일정하다.
⑤ 물체의 속력이 10 cm/초이므로 10초 뒤에는 10cm/초 × 10초 = 100 cm 이동한다.

01. 답 ④, ⑤

해설 ④ 곤돌라나 컨베이어 벨트의 움직임은 등속도 운동이다.
⑤ 시간 기록계로 기록한 종이 테이프의 길이는 각 구간이 모두 같다.
[바로 알기] ① 등속도 운동을 속력 - 시간 그래프로 나타내면 시간축과 나란한 모양의 그래프이다.
② 속력과 방향이 모두 일정한 운동이다.
③ 등속도 운동을 시간 기록계로 기록하면 타점 간격이 일정하다.

02. 답 ③

해설 진동수 50Hz이므로 1 타점을 찍을 때 걸리는 시간이 $\dfrac{1}{50}$초이다. 따라서 5타점을 찍는데 걸리는 시간은 $\dfrac{1}{50} \times 5$ = 0.1초이다. 5타점당 4cm를 이동했으므로
$$\text{속력} = \dfrac{\text{이동 거리}}{\text{시간}} = \dfrac{4cm}{0.1초} = 40\ cm/초$$

[유형 6-2] 답 ⑤

해설 A, B는 시간에 따른 속력이 일정하므로 등속도 운동 그래프이다.
⑤ [바로 알기] 마찰이 없는 빗면에서 내려오는 물체의 운동은 등가속도 운동으로 속력이 시간에 따라 증가한다.
① 그래프에서 A가 B보다 속력이 빠르다.
② A와 B 모두 속력이 일정한 등속도 운동이다.
③ 속력-시간 그래프에서 밑넓이는 이동 거리이다.
④ 이 운동을 이동 거리-시간 그래프로 나타내면 그래프의 기울기가 속력이 된다.

03. 답 ⑤

해설 A와 B는 시간이 지남에 따라 이동 거리가 일정하게 증가하고 있기 때문에 속력과 방향이 모두 일정한 등속도 운동을 하고 있다.

⑤ 두 물체의 운동을 속도-시간 그래프로 나타내면 시간에 따라 속력이 변하지 않으므로 시간축과 평행한 직선이다.

[바로 알기] ① 진공 속에서 떨어지는 물체의 운동은 중력을 받아 운동하는 등가속도 운동(자유 낙하 운동)이다.

② 그래프의 기울기가 작을수록 속력이 느린 물체의 운동이다. 물체 B의 그래프의 기울기가 더 작기 때문에 물체 B의 속력은 A의 속력보다 느리다.

③ 출발 후 t 초까지의 이동 거리는 t 초까지의 그래프 아래 면적이므로 B가 A보다 짧다.

④ A와 B는 모두 속도가 일정한 등속도 운동을 하고 있다.

04. 답 ①

해설 속력-시간 그래프에서 밑넓이는 이동 거리이다. 이 물체의 이동 거리는 4 m/s × 5초 = 20 m이다.

[유형 6-3] 답 ②

해설 다중 섬광 사진은 운동하는 물체를 직접 찍는 것이므로 운동 방향이 오른쪽일 경우 왼쪽의 사진일수록 먼저 찍힌 것이 된다. 따라서 A는 속력이 일정하게 증가하는 등가속도 운동, B는 속력이 일정하게 감소하는 등가속도 운동이다.

② 물체 A는 빗면에서 내려오는 물체의 운동과 같다.

[바로 알기] ① 두 물체는 속력이 일정하게 변하는 운동을 하고 있는 것이다.

③ 물체 B는 속력이 점점 감소하므로 연직 위로 올라가고 있는 물체의 운동과 같다.

④ 물체가 빨라지면 타점 간격도 증가하므로 물체 A의 움직임을 시간 기록계로 기록하면 타점 간격이 점점 증가한다.

⑤ 물체가 느려지면 타점 간격이 점점 감소하므로 물체 B의 움직임을 시간 기록계로 기록하면 타점 간격이 점점 감소한다.

05. 답 ②

해설 ② 등가속도 운동은 일정한 방향으로 속력이 일정하게 증가하거나 일정하게 감소하는 운동이다.

[바로 알기] ① 등가속도 운동은 방향이 일정한 직선 운동이다.

③ 가속도가 일정한(속력이 일정하게 변하는)운동이다.

④ 시간 기록계로 타점을 찍으면 등가속도 운동은 타점 간격이 일정하게 넓어지거나 일정하게 좁아진다.

⑤ 진자 운동은 속력과 운동 방향이 모두 변하는 운동이다.

06. 답 ③

해설 시간 기록계에 있어 종이 테이프는 물체에 붙어있으므로 운동 방향이 오른쪽이면 오른쪽 타점이 먼저 찍힌 것이다. 따라서 시간이 지날수록 시간 기록계의 타점 간격이 일정하게 증가하고 있는 등가속도 운동임을 알 수 있다. 진동수 30 Hz이므로 1 타점을 찍을 때 걸리는 시간은 $\frac{1}{30}$초이다.

3타점 당 걸리는 시간은 $\frac{1}{30} \times 3 = \frac{1}{10}$초 = 0.1 초이다.

그러므로 각 구간마다 평균 속력을 구하면

3cm, 4cm, 5cm, 6cm 구간에서 각각 $\frac{3}{0.1}$=30cm/초, $\frac{4}{0.1}$=40cm/초, $\frac{5}{0.1}$=50cm/초, $\frac{6}{0.1}$= 60cm/초이다.

③ 각 구간 당 10cm/초씩 속력이 증가한다.

[바로 알기] ① 물체의 속력은 시간에 비례해서 증가한다.

② 이웃 타점 간의 시간 간격은 $\frac{1}{30}$초이다.

④ 6cm 이동한 구간에서의 평균 속력은 60cm/초이다.

⑤ 그림에서 오른쪽에 있는 타점일수록 먼저 찍힌 점이다.

[유형6-4] 답 ②

해설 A와 B 모두 속력이 일정하게 증가하는 등가속도 운동을 하고 있다.

[바로 알기] ① 두 물체는 등가속도 운동을 하고 있다.

③ 속력 변화는 기울기이다. 물체 B의 속력 변화가 물체 A의 속력 변화보다 작다.

④ 같은 시간 동안 그래프 아래 면적을 구하면 물체 A가 물체 B보다 이동 거리가 더 길다.

⑤ 이동 거리 - 시간 그래프에서 한 점에서의 기울기는 속력이다. 속력이 점점 증가하므로 이 운동을 이동 거리-시간 그래프로 나타내면 그래프의 기울기는 점점 증가한다.

07. 답 ④

해설 문제의 그래프는 속력이 일정하게 감소하는 등가속도 운동 그래프이다.

④ [바로 알기] 엘리베이터가 움직이기 시작할 때는 속력이 점점 증가하는 운동이다.

① 자동차는 0 ~ 5초까지 속력이 일정하게 감소하는 등가속도 운동을 하였다.

② 자동차의 0 ~ 5초 까지의 이동 거리는 그래프의 아래 부분의 넓이와 같다. 이동 거리는 $\frac{30 \times 5}{2}$ = 75 m이다.

③ 자동차의 0 ~ 5초 까지의 평균 속력은 $\frac{처음 속력+나중 속력}{2}$ $= \frac{30 + 0}{2}$ = 15 m/s이다.

⑤ 자동차의 운동을 시간 기록계로 분석하면 같은 타점 시간 동안 이동 거리가 감소하므로 타점 간격이 감소한다.

08. 답 ③

해설 연직 아래로 떨어지는 물체는 속도가 일정하게 증가하는 등가속도 운동이다. 이동 거리 - 시간 그래프에서 한 점에서의 기울기는 속력이므로 시간이 지나면서 기울기가 일정하게 증가하는 ③번 그래프가 속도가 일정하게 증가하는 등가속도 운동 그래프이다. 아래 그림에서 시간이 지나면서 기울기1 >기울기2 >기울기3 인 경우 속력이 증가하는 그래프가 된다.

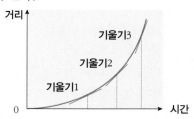

①, ② 속도가 감소하는 등가속도 운동 그래프이다.

④ 정지하고 있는 물체의 그래프이다.

⑤ 가속도가 증가하는 가속도 운동 그래프이다.

01

(1) 〈예시 답안〉 초음파는 물속에서 일정한 속도 (1,500m/s)로 진행을 하기 때문에 측정하고자 하는 지점에서 바다 밑 쪽으로 초음파를 보낸 뒤 돌아오는 데까지 걸리는 시간을 측정한다. 여기서 이 측정 시간은 바다의 깊이 만큼 왕복한 시간이므로 총 걸린 시간을 2로 나누어 주면 된다. 그러므로 바다의 깊이는 $1,500 \text{m/s} \times \dfrac{\text{왕복 시간}}{2}$ 이다.

(2) 〈예시 답안〉 박쥐는 초음파를 내보낸 후 반사되어 돌아오는데 걸리는 시간을 바로 감지하여 장애물과의 거리를 파악하여 방향을 바꿀 수 있다.

해설 (1) 초음파를 이용하여 바다의 깊이를 재는 방법을 '음향측심법'이라고 한다. 물속에서 일정한 속도로 진행하는 초음파가 바다 속 지면에 반사되어 돌아오는 시간을 이용하는 것이다. 이외에 추를 길게 늘어뜨려 깊이를 재는 방법도 있고, 온도 차로부터 수압을 얻어 다시 수심으로 환산하는 방법인 온도 측심법도 있다.
(2) 박쥐는 눈이 보이지 않음에도 어두운 굴 속에서 벽에 부딪치거나 박쥐들끼리 스치며 충돌하는 일이 없다. 여러 마리가 동시에 초음파를 내어 섞여도 자기가 몸에서 낸 소리의 반사음만 구분하여 듣는 선별 능력을 가졌다. 박쥐의 몸에는 1000분의 1초 사이의 반사 시간까지 판단할 수 있는 초정밀 음향감지기가 있다.

02

(1) 〈예시 답안〉 다리의 힘이 약한 어린이들이나 노약자 분들은 속도가 빠른 무빙워크에 탑승하기 어렵다.

(2) 약 55초의 시간 이득이 생긴다.

해설 2002년 7월 몽파르나스 역의 총거리 180m짜리 초고속 무빙워크는 시속 12km의 빠른 속도를 선보였다. 초고속 무빙워크는 얼마 지나지 않아 멈출 수 밖에 없었다. 속도가 너무 빨랐기 때문이다. 이 무빙워크는 가동 30시간 만에 이용자 5만여 명 가운데 40%가 넘어지는 실족 사고를 겪었고, 몇몇은 뼈가 부러지는 부상을 당했다. 시속 10km 이상의 초고속 무빙워크를 일반적인 운동 감각의 승객들이 이용하도록 하기 위해서는 특별한 장치와 기술이 필요하다.
(2) 무빙워크의 속력 $= 12\text{km/h} = \dfrac{12,000\text{m}}{60 \times 60 \text{초}} = 3.3 \,\text{m/s}$ 이고, 걸을 때의 속력과 합해주면 무빙워크를 탄 상태에서 걸을 때의 전체 속력이 된다(3.3m/s + 1.3m/s =4.6m/s).
그러므로 무빙워크를 탄 상태에서 100m를 이동할 때 걸리는 시간은 $\dfrac{100\text{m}}{4.6\text{m/s}} =$ 약 22초가 걸린다.

걸어서 100 m를 이동할 때의 시간은 $\dfrac{100\text{m}}{1.3\text{m/s}} =$ 약 77초가 걸리므로 약 55초(77초 − 22초 = 55초)의 시간 이득이 생긴다.

03

(1) 상상이가 이겼다.

(2) 〈예시 답안 1〉 무한이가 이기기 위해서는 상상이보다 평균 속력이 빠른 수영 구간을 더 길게 하면 된다.
〈예시 답안 2〉 무한이가 상상이보다 평균 속력이 느린 사이클 구간을 더 짧게 하면 된다.

해설 무한이가 결승점을 통과한 시간은 각 구간별 시간을 더하면 된다. 시간을 구하는 공식은 다음과 같다.
$$\text{시간} = \frac{\text{이동 거리}}{\text{속력}}$$
수영 구간에서 걸린 시간 = 60초, 달리기 구간에서 걸린 시간 = 500초, 사이클 구간에서 걸린 시간 = 120초, → 총 걸린 시간 = 680초이다.
상상이가 수영 구간에서 걸린 시간 = 100초, 달리기 구간에서 걸린 시간 = 300초, 사이클 구간에서 걸린 시간 = 80초, → 총 걸린 시간 = 480초이다.
그러므로 더 빨리 결승점을 통과한 사람은 상상이다.

04

(1) 해설 참조

(2) 〈예시 답안〉 가장 천천히 내려오는 자세는 최대한 몸의 면적을 지면과 수평이 되도록 쫙 펴서 공기와 닿는 면적을 넓혀준다. 가장 빨리 내려오는 자세는 지면과 거의 수직인 자세로 공기와 닿는 면적을 최대한 적게 한다.

해설

스카이 다이빙이란 보통 3,000m~4,000m 상공에서 뛰어내리면 낙하산을 펴는 안전 고도인 800m까지 45초~1분 동안 일정하게 속력이 빨라지며 하늘을 나는 것이다. 스카이 다이빙 속도는 자유 강하 시 기본 자세의 경우 시속 180km의 평균 속력이 일정하게 유지된다. 최대 속력은 자세에 따라 300km까지 낼 수 있다. 낙하산이 개방된 후에는 바람이 불지 않는 경우 약 30km의 일정한 속력으로 떨어지게 된다.

검은색 밑줄은 등가속도 운동을 나타내는 부분이며, 빨간색 밑줄은 등속도 운동을 나타내는 부분이다.
(2) 가장 천천히 내려오는 자세는 공기와의 저항을 크게 만드는 자세이고, 가장 빨리 내려오는 자세는 공기와의 저항을 작게 만드는 자세이다.

01. (1) ○ (2) X (3) ○
02. (1) ○ (2) X (3) X (4) X
03. (1) X (2) ○ (3) ○ (4) ○
04. (1) ○ (2) ○ (3) X　　**05.** 30　　**06.** A
07. 10　　**08.** 50　　**09.** 40　　**10.** 17.5
11. ⑤　　**12.** ①　　**13.** ③　　**14.** ⑤
15. ②　　**16.** ②　　**17.** ③　　**18.** ③
19. ⑤　　**20.** ③　　**21.~ 22.** 〈해설 참조〉

01. 답 (1) ○ (2) X (3) ○
해설 (1), (2) 등속도 운동은 운동 속력과 방향이 변하지 않고 일정하며, 이동 거리는 시간에 비례한 운동이다.
(2) [바로 알기] 등속도 운동을 시간 기록계로 기록하면 종이 테이프에 찍힌 타점 간격이 일정하다.

02. 답 (1) ○ (2) X (3) X (4) X
해설 (1) 수레가 등속도 운동을 하고 있기 때문에 구간별 속력과 평균 속력은 같다.

$$∴ 속력 = \frac{이동\ 거리}{시간} = \frac{20cm}{1분} = \frac{100cm}{5분} = 20\ cm/분$$

[바로 알기]
(2) 0~3분 동안 10~70cm(이동 거리 60cm)를 갔으므로
수레의 (평균)속력 = $\frac{60cm}{3분}$ = 20 cm/분이다.
(3) 수레의 위치가 1분 마다 20cm씩 일정하게 변하고 있기 때문에 수레는 등속도 운동을 하고 있다.
(4) 등속도 운동하는 물체의 운동을 시간 기록계로 기록하면 타점 간격이 일정하다.

03. 답 (1) X (2) ○ (3) ○ (4) ○
해설 (1) [바로 알기] 등가속도 운동은 방향이 일정하고 속력이 시간에 비례하여 일정하게 증가하거나 감소하는 운동이다.
(2) 등가속도 운동은 가속도(시간 당 속도의 변화량)가 일정한 운동이다.
(3) 지하철이 일정한 비율로 속도를 줄이면서 멈추는 운동은 방향이 일정하고 속력이 일정하게 감소하는 등가속도 운동이다.
(4) 속력이 시간에 비례하여 증가하는 운동이 등가속도 운동이다.

04. 답 (1) ○ (2) ○ (3) X
해설 A 구간에서 물체는 중력을 받으며 빗면을 따라 내려오는 등가속도 운동을, B 구간에서는 평면상에서의 등속도 운동을 하고 있다.
(1) A 구간에서는 빗면에서 내려가는 운동이므로 물체의 속력이 일정하게 증가하는 등가속도 운동이다.
(2) B 구간의 운동은 등속 직선 운동 = 등속도 운동이다.
(3) [바로 알기] A 구간에서는 시간에 따라 속력이 증가하므로 시간 기록계의 타점 간격이 증가한다.

05. 답 30
해설 진동수 60Hz면 한 타점을 찍는데 $\frac{1}{60}$ 초가 걸리고
6타점을 찍는데 걸리는 시간은 $\frac{1}{10}$ 초이다.
그리고 A와 B 사이 이동 거리가 3cm이고, 시간은 0.1초 이므로 1초 당 30cm를 이동한 것과 같다. 그러므로 속력은 30cm/초 이다.

06. 답 A
해설 이동 거리-시간 그래프에서 기울기는 속력을 의미한다. 문제의 그래프에서 A의 기울기가 가장 크기 때문에 속력이 제일 빠르다는 것을 알 수 있다. 그러므로 동시에 출발했을 때 A가 가장 먼저 100m 지점에 도착할 것이다.

07. 답 10
해설 속력이 일정하게 증가할 때 물체의 0~5초 동안의 평균 속력은 다음과 같다. 0~5초 동안의 그래프 아래 면적이 이동 거리이므로 이동 거리는 20×5÷2 = 50 m이다.

$$∴ 0\text{~}5초\ 간\ 평균\ 속력 = \frac{이동\ 거리}{시간} = \frac{50}{5} = 10\ m/s$$
$$= \frac{처음\ 속력 + 나중\ 속력}{2} = \frac{0 + 20}{2} = 10\ m/s$$

08. 답 50
해설 등가속도 운동에서 이동 거리 = 평균 속력 × 시간이므로, 물체가 0~5초 동안 이동한 거리 = 10m/초 × 5초 = 50m이다.

09. 답 40
해설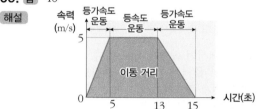
속력 - 시간 그래프에서 그래프 아래의 넓이는 이동 거리이다. 등속도 운동을 하는 구간은 5 ~ 13초 구간이므로 이동한 거리(넓이)는 5m/s × 8초 = 40m 이다.

10. 답 17.5
해설 등가속도 운동을 하는 구간은 0 ~ 5초, 13 ~ 15초이다.
0 ~ 5초, 13 ~ 15초 구간에서의 평균 속력은 각각 2.5m/s
0 ~ 5초 구간에서의 이동 거리 = 2.5m/s × 5초 = 12.5m,
13 ~ 15초 구간에서의 이동 거리 = 2.5m/s × 2초 = 5m
∴ 등가속도 운동을 하여 이동한 거리 = 12.5 +5 = 17.5m

11. 답 ⑤
해설 그래프는 이동 거리가 시간에 따라 일정하게 증가하는 등속 운동이다. 이동 거리 - 시간 그래프에서는 기울기가 속력이다.
A의 속력은 $\frac{40m}{8초}$ = 5m/s, B의 속력은 $\frac{20m}{10초}$ = 2m/s이다.
10초일 때 A는 50m를 이동했고 B는 20m를 이동했으므로 A와 B 사이의 거리 차이는 30m이다.
[또 다른 풀이]

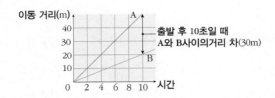

출발 후 10초일 때
A와 B사이의거리 차(30m)

12. 답 ①

해설 이동 거리 - 시간 그래프에서 기울기는 속력이므로 물체의 속력은 $\frac{4m}{4초} = 1$ m/s이다.

등속도 운동을 하는 물체이므로 속력 - 시간 그래프로 나타내면 속력이 일정한 ①번이 가장 적합한 그래프이다.

[바로 알기] ②, ③, ④ 속력이 일정한 그래프이긴 하나 속력이 각각 2, 3, 4 m/s이므로 적합치 않다.

⑤ 속력이 시간에 따라 일정하게 증가하는 등가속도 운동 그래프이다.

13. 답 ③

해설 이동 거리-시간 그래프에서의 기울기가 속력이므로 A의 속력은 $\frac{12m}{3초} = 4$m/s, B의 속력은 $\frac{6m}{3초} = 2$m/s이다.

그러므로 속력 A : 속력 B = 4 : 2 = 2 : 1이다.

14. 답 ⑤

해설 이동 거리 - 시간 그래프에서 기울기는 속력이다. 각 구간별로 물체의 이동 거리가 시간에 따라 일정하게 증가하므로 속력이 서로 다른 등속도 운동이다.

0 ~ 2초 구간에서의 속력은 $\frac{4m}{2초} = 2$m/s,

2 ~ 4초 구간에서의 속력은 $\frac{2m}{2초} = 1$m/s,

4 ~ 5초 구간에서의 속력은 $\frac{4m}{1초} = 4$m/s이다.

⑤ 4 ~ 5초 구간에서의 속력은 4m/s이다.

[바로 알기] ① 이 물체의 기울기가 구간별로 다르기 때문에 속력이 일정하게 증가하고 있다고 볼 수 없다.

② 0 ~ 2초 구간에서 이동 거리는 4m이다.

③ 평균 속력 = $\frac{걸린 시간 동안 이동 거리}{총 걸린 시간}$ 이다.

5초 동안 10m를 이동하였으므로 평균 속력은 2m/s이다.

④ 2 ~ 4초 구간에서도 등속도 운동을 하고 있다.

15. 답 ②

해설 속력 - 시간 그래프에서 그래프의 아래 면적이 이동 거리가 된다.

5초 동안 A의 이동 거리는 30m/s × 5 = 150m이고, B의 이동 거리는 15m/s × 5 = 75m이다.

두 물체는 속력이 일정한 운동을 하고 있으므로 A가 10초 동안 이동한 거리는 150m × 2 = 300m, B가 10초 동안 이동한 거리는 75m × 2 = 150m이다. 그러므로 10초 후 두 물체 사이의 거리는 150m이다.

16. 답 ②

해설 이 그래프는 속력이 일정하게 감소하는 등가속도 운동을 나타낸 것이다. 속력 - 시간 그래프에서 기울기는 가속도가 된다.

② 물체 A의 평균 속력 = $\frac{처음 속력 + 나중 속력}{2}$

$= \frac{50+0}{2} = 25$m/초이다.

[바로 알기] ① 두 물체는 속력이 시간에 따라 일정하게 감소하는 등가속도 운동을 하고 있다.

③ 물체 B의 평균 속력 = $\frac{25+0}{2} = 12.5$m/초이다.

④ 두 물체의 속력은 일정하게 감소하고 있다.

⑤ 속력-시간 그래프에서 그래프 아래 면적이 이동 거리가 된다. 0 ~ 5초 동안 A 그래프 아래의 면적이 B 그래프 아래의 면적보다 크므로 A의 이동 거리가 B의 이동 거리보다 길다.

17. 답 ③

해설 이 물체는 속력이 3m/s로 일정한 등속도 운동을 하고 있다. 거리 - 시간 그래프로 나타내면 1초마다 3m씩 이동하는 그래프로 나타난다. 그러므로 ③번이 가장 적합한 그래프이다.

18. 답 ③

해설 이동 거리 - 시간 그래프에서 시간에 따라 기울기가 증가하므로 시간에 따라 속력이 증가하는 가속도 운동을 나타낸다.

③ 속력이 증가하는 운동을 하고 있기 때문에 6초일 때 물체의 속력은 5초일 때 물체의 속력보다 빠르다.

[바로 알기] ① 물체는 가속도 운동을 하고 있다.

② 물체의 속력은 증가하고 있다.

④ 속력이 점점 빨라지므로 시간 기록계로 기록하면 타점 간격이 증가한다.

⑤ 빗면에서 물체가 내려갈 때의 이동 거리 - 시간 그래프와 같은 모양이다. 물체가 빗면을 따라 올라갈 때에는 속력이 줄어드는 가속도 운동을 한다.

19. 답 ⑤

바른 풀이 문제의 그래프는 등가속도 운동을 나타내는 그래프이다. A 구간은 속력이 일정하게 감소하는 등가속도 운동, B 구간은 속력이 일정하게 증가하는 등가속도 운동 그래프이다. 각 구간에서의 이동 거리는 그래프 아래 넓이이며, 평균 속력은 (처음 속력 + 나중 속력)÷2 이다.

따라서 A, B 구간에서의 이동 거리는 각각 22.5 m로 같고, 평균 속력은 각각 7.5 m/s로 같다.

⑤ [바로 알기] A 구간에서 물체가 이동한 거리는 B 구간에서 물체가 이동한 거리와 같다.

해설 ① 6초 동안 이동한 거리는 22.5 × 2 = 45 m이다.

② A 구간에서 물체는 등가속도 운동을 하고 있다.

③ B 구간에서 물체는 속력이 일정하게 증가하는 등가속도 운동을 하고 있다.

④ A 구간에서의 물체의 평균 속력은 B 구간의 물체의 평균 속력과 같다.

20. 답 ③

해설 물체의 운동은 처음 속력은 0이고 속력이 일정하게 증가하여 6초 만에 10m/s 속력에 도달한 등가속도 운동이다.

평균 속력 = (처음 속력 + 나중 속력)÷2 = $\frac{0+10}{2} = 5$m/s

이고, 6초 걸렸으므로 빗면의 길이는 5m/s × 6초 = 30 m이다.

21. 답 소리의 속력을 알고, 번개가 친 후 천둥 소리가 들리기까지의 시간을 측정하면 번개가 발생한 구름까지의 거리(= 소리의 속력 × 시간)를 알 수 있다.

해설 번개는 번개가 치는 것과 거의 동시에 볼 수 있지만 소리는 빛보다 속력이 느리므로 번개가 치는 것을 본 후에 천둥 소리를 들을 수 있다. 따라서 번개가 친 후 천둥 소리가 들리기까지의 시간을 측정하면 번개가 발생한 구름까지의 거리(= 소리의 속력 × 시간)를 알 수 있다.

22. 답 총 걸린 시간은 무한이 802초, 상상이 610초이므로 상상이가 경기에서 이겼다.

해설 걸린 시간 = $\dfrac{\text{이동 거리}}{\text{속력}}$ 이다.

각 걸린 시간을 표로 나타내면 아래와 같다.

	수영	달리기	사이클
무한이	102초	400초	300초
상상이	170초	240초	200초

총 걸린 시간은 무한이 802초, 상상이 610초이다.

7강. Project 2

논/구술 108 ~ 111쪽

마우스의 종말? – 동작 감지 기술

Q1 〈예시 답안 1〉 사람의 움직임 보다는 미세한 식물의 움직임이나 작은 곤충, 동물들의 움직임을 분석해보고 싶다. 식물의 경우 눈으로 봤을 때는 거의 움직임이 없어 보이지만, 햇볕이 잘 드는 곳이나 수분이 많은 쪽으로 뿌리를 내리는 현상을 분석하여 눈에 보이는 데이터로 기록을 남기면 좋겠다. 또한 과실이 커가는 움직임의 관찰을 통해 농산물의 풍족한 생산에 기여해보고 싶다. 그리고 모기 같은 해충들의 움직임을 통해 좋아하는 환경이나 싫어하는 환경, 날아다니는 원리 등을 분석하여 해충 박멸에도 도움이 되었으면 좋겠다.

〈예시 답안 2〉 달리기 선수들의 운동을 분석해 보고 싶다. 우리 나라가 유독 취약한 스포츠 분야가 바로 육상 종목이다. 타고난 신체 조건을 바꿀 수는 없겠지만 육상 종목별 운동 분석을 통해 후천적인 노력에 의해 바뀔 수 있는 기술적인 부분들을 분석하여 운동 선수들에게 도움이 되고 싶다.

급성장 중인 웨어러블 시장

Q2 〈예시 답안 1〉학교에서 선생님들이 핸드폰 수거를 더 힘들어 하실 것 같아 교칙을 바꿔야 할 것 같다. 안경에 스마트 폰이 장착되면 안경 용도로도 함께 사용이 되고, 시계형 웨어러블 기기의 경우에도 시계 용도도 있기 때문에 핸드폰을 제출하지 않아야 할 평계를 학생들이 더 많이 찾게 될 것이기 때문이다.

〈예시 답안 2〉 PC방에서 게임을 더 수월하게 할 수 있을 것이다. 게임 중 전화가 와도 쓰고 있던 안경으로 바로 통화가 가능하기 때문에 게임을 중간에 중단해야 하는 번거로움이 줄어들 것 같다.

MEMS

Q3 〈예시 답안 1〉 좋아하는 사람을 만났을 때 사람의 신체 변화를 감지하는 센서를 만들고 싶다. 호감이 가는 사람이 앞에 있을 때 동공의 움직임이나 맥박의 변화 등의 감지를 통해 짝사랑만 하는 사람을 도와주고 싶다.

〈예시 답안 2〉 요가 동작을 미세하게 감지할 수 있는 센서를 만들고 싶다. 같은 동작이라도 사람마다 수행하는 강도가 다를 수 밖에 없기 때문에 개인별 근육의 모양이나 근력 정도 등을 센서로 미리 파악하여 실제로 요가 수련 시 제대로 된 동작을 수행할 수 있도록 도움이 되면 좋을 것 같다.

해설 MEMS 소자를 이용한 대표적인 기기는 책상 위의 잉크젯 프린터이다. 잉크젯 프린터의 헤드를 만드는 데 이 기술이 사용되었다. 또한 프로젝션 방식의 대형 TV 속 핵심 소자도 MEMS 기술로 제작되고 있다. 또한 MEMS는 선박이나 비행기 등의 교통 수단과 로봇 제어 시스템에 사용되고 있으며 의료계에서도 다양하게 쓰이고 있다.

탐구 112 ~ 113쪽

탐구 1. 시간 기록계를 이용한 운동의 분석

1. 일정한 힘을 수레에 가하여 속력이 일정하게 증가할 때 종이 테이프에 찍힌 타점을 분석하기 위해서이다.

2. 무게에 따른 종이 테이프의 타점을 비교하기 위해서이다. 일정한 힘을 가하므로 이때도 속력은 일정하게 증가한다.(타점 간격이 일정하게 넓어진다.)

3. 수레가 무거울수록 종이 테이프의 타점 간격이 좁아진다. 그 이유는 수레가 무거울수록 같은 힘을 가했을 때 속력이 더 천천히 증가할 것이기 때문이다.

4. (1) A 구간 : 30cm/초, B 구간 : 60cm/초, C 구간 : 90cm/초, D 구간 : 120cm/초,

해설 A 구간 평균 속력 = $\dfrac{\text{이동 거리}}{\text{걸린 시간}} = \dfrac{3\text{cm}}{0.1\text{초}} = 30\text{cm/초}$ 이다.

(2) 속력이 일정하게 증가하는 운동(등가속도 운동)을 하고 있다.

(3) 가로축은 시간, 세로축은 속력을 의미한다.

5. 일정한 크기의 힘이 물체에 작용하면 물체는 속력이 일정하게 증가하는 운동을 한다. 힘의 크기가 같을 때 물체의 무게가 무거울수록 속력이 느리게 증가하며, 전체 평균 속력은 작아진다.

Ⅲ 에너지

8강. 일과 에너지

1. 답 ③
해설 ③ 쇼핑 카트에 힘을 주어 밀었으므로, 힘의 방향으로 이동했다. 일을 하는 경우이다.
[바로 알기] ① 아령을 들고 5분간 서있는 경우는 이동 거리가 0이므로 한 일의 양은 0이다.
② 가방을 메고 앞으로 걸어가는 경우는 가방에 가하는 힘은 연직 위 방향이고 이동 방향은 앞 방향이므로 힘과 이동 방향이 서로 수직이므로 한 일의 양은 0이다.
④, ⑤ 영화관에 앉아서 영화를 보는 경우와 점원이 계산대에서 계산을 하는 경우는 과학적 일을 하는 것이 아니다.

2. 답 500 J (500 N · m)
해설 일 = 힘×거리 = 100 N × 5m = 500 N · m = 500 J

3. 답 마찰력
해설 마찰이 있는 수평면에서 물체가 등속 운동하는 경우 물체가 받는 합력(알짜힘) = 0이다. 따라서 물체에 가한 힘의 크기와 반대 방향의 마찰력의 크기는 서로 같다.

4. 답 140
해설 한 일의 양 = 70 × 10 = 700 J, 일률 = $\frac{700}{5}$ = 140 W

5. 답 ㉠클 ㉡높을
해설 중력에 대한 퍼텐셜 에너지는 무게×높이로 구한다. 무게는 질량에 비례하므로 질량이 클수록 높이가 높을수록 커진다.

6. 답 ⑤
해설 운동 에너지는 물체의 질량이 클수록, 속력이 빠를수록 커진다.

1. 답 (1) X (2) X (3) O
해설 (1) [바로 알기] 인공위성이 지구 주위를 등속 운동할 때 이동 방향은 원운동 방향, 인공위성에 작용하는 힘은 지구 중심을 향하는 구심력이므로 힘과 이동 방향이 수직이므로 한 일이 0이다.

(2) [바로 알기] 이동 거리가 0이므로 한 일이 0이다.
(3) 힘의 방향으로 이동하였으므로 일을 하였다.

2. 답 ④
해설 힘과 이동 거리를 나타내는 그래프에서 한 일은 그래프의 아래 면적에 해당하므로 5 N × 5m = 25 J이다.

3. 답 ④
해설 300 N × 5m = 1500 J

4. 답 (1) O (2) X (3) X
바른 풀이 (1) 일률은 일을 할 때의 효율, 즉 일의 능률을 나타낸다.
(2) [바로 알기] 일률의 단위는 J/s, W, HP 등을 사용한다. J은 일이나 에너지의 단위이다.
(3) [바로 알기] 일률은 일의 양 ÷ 시간이므로 일의 양이 같을 때 걸린 시간이 짧을수록 일률이 크다.

5. 답 ⑤
해설 기준면에서 높이 올라갈수록 위치 에너지가 커진다.

6. 답 ⑤
해설 ⑤ 물체가 더 높은 곳에 위치할수록 퍼텐셜 에너지가 더 커진다. 따라서 역학적 에너지도 더 커진다.
[바로 알기] ① 낙하하는 동안에는 위치 에너지와 운동 에너지가 모두 존재한다.
② 역학적 에너지는 위치에 관계없이 같다.
③ 바닥에 도달할 때는 물체는 운동 에너지만 가진다.
④ 더 높은 곳에서 떨어뜨릴수록 바닥에 도달할 때의 운동 에너지가 더 커지므로 속력이 더 커진다.

★ 역학적 에너지가 보존되므로 운동 에너지가 가장 큰 곳은 롤러코스터가 가장 낮은 곳에 있을 때(퍼텐셜 에너지가 가장 작을 때)이다.

01. 답 (1) O (2) X (3) O
해설 (1) 바닥에 떨어진 책에 힘을 가하여 들어올리는 경우이므로 일을 한 것이다.
(2) [바로 알기] 인공위성이 지구 주위를 등속 운동하는 경우는 인공위성이 받는 힘은 지구 중심을 향하는 구심력이고, 인공위성의 운동 방향은 원운동 방향이므로, 힘과 이동 방향이 수직이어서 한 일이 0이다.
(3) 바닥에 있는 상자에 힘을 가해 이동시키므로 과학적 일을 하는 경우이다.

02. 답 ②

② [바로 알기] 일의 양은 작용한 힘과 힘의 방향으로의 이동 거리를 곱하여 구한다. 힘과 물체의 이동 방향이 수직이면 한 일은 0이다.
① 마찰이 없는 면에서 물체를 끌어당길 때에도 힘의 방향으로 물체가 이동하므로 한 일은 0이 아니다.
③ 물체를 일정한 속력으로 끌 때에는 물체에 작용하는 합력(알짜힘)이 0이다. 이때 끄는 힘의 크기가 마찰력과 같고 방향은 서로 반대이다.
④ 가방을 들고 가는 것과 같이 물체에 작용한 힘의 방향과 물체의 이동 방향이 수직인 경우는 일의 양이 0이다. 일을 해주는 경우 에너지의 변화가 발생하는데, 가방을 들고 갈 때 가방의 에너지는 변화하지 않는다.
⑤ 물체를 일정한 속력으로 운동하는 경우 물체에 작용한 합력(알짜힘)= 0이다. 물체를 일정한 속력으로 들어올리는 경우 연직 위로 물체에 작용하는 힘의 크기는 물체의 무게와 같고, 방향이 반대이다.

03. 답 (1) ⓒ (2) ⓒ
해설 일률은 일의 양이 많을수록, 걸린 시간이 짧을수록 커진다.

04. 답 ②
해설 ② [바로 알기] 기준면이 달라지면 높이가 달라지므로 퍼텐셜 에너지도 달라진다.
①, ③, ④ 기준면으로부터 높은 곳에 있을수록, 질량이 클수록 퍼텐셜 에너지가 커진다.
⑤ 2m 높이에 정지해 있는 물체의 위치에너지는 중력 ×높이로 구할 수 있으므로, 낙하하면서 지면에 도달할 때까지 중력이 한 일의 양과 같다.

05. 답 ②
해설 ② [바로 알기] 에너지는 일을 할 수 있는 능력이다. 퍼텐셜 에너지는 일로 전환될 수 있다. 지면에서 높은 곳에 있는 물체는 떨어지면서 말뚝을 박는다든지 일을 할 수 있는 것이다.
① 일과 에너지의 단위는 모두 J (줄; N·m)이다.
③ 물체가 에너지를 가진다는 것은 그만큼 일을 할 수 있다는 것이므로 물체가 한 일만큼 물체의 에너지는 감소한다.
④ 운동 에너지는 물체의 질량이 클수록, 속력이 클수록 큰 값을 가진다.
⑤ 물체에 일을 해주면 그만큼 물체의 에너지가 증가한다.

06. 답 ①
바른 풀이 ① [바로 알기] 물체의 속력이 일정하므로 운동 에너지는 변화없다.
② 물체의 높이가 증가하므로 물체의 퍼텐셜 에너지는 증가한다.
③ 물체의 운동 에너지는 일정하고, 퍼텐셜 에너지는 증가하므로 역학적 에너지(운동 에너지 + 퍼텐셜 에너지)는 증가한다.
④ 물체를 일정한 속력으로 들어올리는 경우 물체의 중력의 크기만큼 중력과 반대 방향으로 힘을 가해서 들어올리므로 '중력에 대해 일을 했다'라고 한다.
⑤ 물체를 높이 들어올릴수록 힘을 가하며 이동한 거리가 커지므로 많은 일을 해주는 것이다.

[유형 8-1] 답 ④
해설 ㄱ. 물체에 힘을 작용하여도 이동 거리가 0인 경우(벽을 밀 때 등) 한 일의 양이 0이다. 물체가 이동하더라도 물체에 가한 힘이 0이면(알짜힘이 0인 우주 공간에서의 운동 등) 한 일의 양이 0이다. 물체가 원운동의 중심 방향으로 힘을 받고, 원운동하는 경우(인공위성의 운동, 등속 원운동 등) 한 일의 양은 0이다.
ㄴ. 물체에 한 일의 양은 힘의 크기와 힘의 방향으로 이동한 거리를 곱하여 구한다.
ㄷ. [바로 알기] 물체에 작용하는 힘의 방향과 물체가 이동한 방향이 수직일 때(인공위성의 운동, 가방 들고 수평 방향으로 가기) 힘이 물체에 한 일의 양은 0이다.

01. 답 ②
해설 ② 책상을 당기는 힘과 책상이 옮겨가는 방향이 수직이 아니므로 과학적 일을 하는 것이다.
[바로 알기] ① 책상에서 공부하는 것은 과학에서 말하는 일이 아니다.
③ 화분을 드는 힘은 위쪽이고, 걸어간 방향은 수평 방향이므로 물체에 가해준 힘과 물체의 이동 방향이 수직하여 한 일이 0이다.
④ 마찰이 없는 얼음판에서 물체가 미끄러진 경우에는 작용한 힘이 0이므로 한 일이 0이다.
⑤ 힘을 가했는데 움직이지 않았으므로 이동 거리가 0이기 때문에 한 일의 양이 0이다.

02. 답 ②
해설 [바로 알기] ㄴ. 편의점에서 물건을 파는 것은 과학에서 말하는 일이 아니다.
ㄷ. 장바구니를 가만히 들고 있으면 이동 거리가 0이므로 한 일의 양이 0 이다.

[유형 8-2] 답 ②
해설 물건을 들고 앞으로 이동하는 것은 일의 양이 0이므로 승우가 한 일은 공을 위로 들어 올리는 일만 계산하면 된다. 1 kg인 물체의 무게는 9.8 N이므로 500 g인 물체의 무게는 4.9 N이고, 1m를 들어 올렸으므로 4.9N × 1m = 4.9 J 만큼의 일을 하였다.

03. 답 ②, ③
해설 일은 힘과 힘의 방향으로 이동한 거리를 곱한 값이므로 J, N · m, kgf · m 등의 단위를 가진다.

04. 답 ④
해설 힘 - 이동 거리 그래프의 아래 면적이 한 일의 양이다. 3 N의 일정한 힘을 작용하여 2m 이동하였고, 이어서 5 N의 일정한 힘을 작용하여 3m 이동하였으므로 한 일의 양은 3 N × 2m + 5 N × 3m = 21 J 이다.

[유형 8-3] 답 ②

해설 수평면에서 물체를 들고 수평으로 이동하는 경우는 일의 양이 0이므로 세 사람이 한 일은 수직하게 들어 올릴 때의 일만 계산하면 된다. 들어 올리는 데 걸린 시간이 같고, 들어 올린 높이가 같으므로 무거운 물체를 들어 올릴수록 일률이 크다. 그러므로 같은 질량의 물체를 든 B와 C의 일률은 같고, A의 일률이 가장 작다. → 일률 : A < B = C

05. 답 ③

해설 ③ [바로 알기] 일률은 한 일의 양을 걸린 시간으로 나누어서 구하므로 일률이 커지기 위해서는 한 일의 양은 커지고, 걸린 시간은 줄어들어야 한다.
① 한 일의 양을 걸린 시간으로 나누면 단위 시간(1초)동안 한 일이 되고, 이것이 일률이다.
② 일률의 단위는 W, HP(마력)이 있다.
④ 한 일의 양은 500×10 = 5000 J이고, 시간이 20초 걸렸으므로 일률은 5000÷20 = 250 W이다.
⑤ 1HP(마력)은 말 1마리의 일률로 75kgf(735 N)의 물체를 1초 동안 1m 들어올릴 때의 일률이며 735 W에 해당한다.

06. 답 ④

해설 일률이 96 W인 양수기로 2초 동안 한 일의 양은 96W × 2초 = 192 J 이다.

[유형 8-4] 답 ①

해설 높이 점프를 한다는 것은 큰 위치 에너지를 가진다는 것이다. 역학적 에너지가 보존되므로 큰 위치 에너지를 가지려면 점프 전에 큰 운동 에너지를 가져야 한다. 큰 운동 에너지를 가지려면 질량이 일정할 때 속력이 빨라야 한다.

07. 답 ③

해설 ③ 물체에 해준 일만큼 에너지가 증가한다.
[바로 알기] ① 에너지는 일을 할 수 있는 능력이고, 에너지를 가진 물체가 일을 하면 가지고 있는 에너지가 줄어든다. 또, 물체에 일을 해주면 물체의 에너지가 증가한다. 이렇게 일과 에너지는 서로 전환된다.
② 일을 할 수 있는 능력을 에너지라고 한다.
④ 일과 에너지는 단위로 J을 사용한다.
⑤ 에너지를 가진 물체가 일을 하면 그 만큼 에너지가 감소한다.

08. 답 ③, ④

해설 ③ 수력 발전은 높은 곳에 있는 물의 위치 에너지가 떨어지면서 운동 에너지로 전환되고, 터빈을 돌려 전기 에너지로 전환된다.
④ 물레방아는 높은 곳의 물의 위치 에너지가 떨어지면서 물레방아의 운동 에너지로 전환된다.
[바로 알기] ① 요트는 바람의 운동 에너지가 요트의 운동 에너지로 전환된다.
② 볼링은 굴러가는 공의 운동 에너지가 핀의 운동 에너지로 전환되어 핀이 쓰러진다.
⑤ 풍력 발전은 바람의 운동 에너지가 터빈의 운동 에너지로 전환되고, 다시 전기 에너지로 전환된다.

01 (1) 〈예시 답안〉 높이가 계속 높아지므로 한 계단을 오를 때마다 물체의 무게와 계단의 높이를 곱하여 구한다.
(2) 계단을 올라가며 높이가 계속 높아진다면, 물체에 중력에 대한 일을 계속 하게 되는 것이고, 물체의 퍼텐셜 에너지가 계속 증가하게 된다. 그러나 실제로 전체적인 높이는 변하지 않으므로 중력에 대해 하는 일은 0이고, 물체의 퍼텐셜 에너지도 증가하지 않는다.

해설 중력에 대한 일은 물체의 무게에 들어준 높이를 곱한 값으로 구한다. '펜로즈의 계단'의 경우는 바로 전의 계단과 다음 계단 사이에서의 일을 구하는 것은 가능하지만, 계단의 처음과 끝을 알기 어렵고, 실제로 존재할 수 없는 계단이다.

02 (1) 경민이는 과학적 일을 한 것이 아니므로 수당을 받을 수 없었다.
(2) 승호가 한 일의 양은 30,000 × 1 = 30,000(J)이고, 재호가 한 일의 양은 15,000 × 3 = 45,000(J)이다. 따라서 재호는 승호보다 많은 양의 일을 했다고 항의한 것이다. 하지만 왕절약씨는 일률에 따라 수당을 책정하였다.
(3) 〈예시 답안 1〉 승호가 돈을 더 많이 받은 것으로 보아 일률에 따라 돈을 주는 것이라 생각되므로 별도의 수당을 더 많이 받기 위해 물건을 들어 올려 싣는 일을 하겠다.
〈예시 답안 2〉 돈을 못받아도 물건을 들거나 끄는 일은 많은 일을 해야하므로 운전을 하겠다.

해설 과학에서 말하는 일의 크기를 알고 일률을 구할 수 있는지를 묻는 문제이다.
승호가 한 일은 30,000 J, 재호가 한 일은 45,000 J이고, 경민이는 과학에서 말하는 일을 하지 않았다. 하지만 승호보다 일을 더 많이 한 재호의 일당이 더 적은 것으로보아 이 과학자는 일률에 따라 일당을 준 것으로 보인다.

승호의 일률 = $\dfrac{30,000\ J}{3h}$ = 10,000 J/h

재호의 일률 = $\dfrac{45,000\ J}{5h}$ = 9,000 J/h

03 (1) 투석기를 뒤로 당겼을 때 탄성력에 의한 퍼텐셜 에너지를 가지며, 던지는 과정에서 돌에 일을 해주어, 돌이 높게 날아갈 때 운동 에너지와 퍼텐셜 에너지를 가지게 되고, 요새에 돌이 떨어질 때 퍼텐셜 에너지가 운동 에너지로 전환되고, 땅에 닿는 순간 최대의 운동 에너지를 가지게 되어 성벽을 무너뜨리는 등의 일을 할 수 있는 것이다.
(2) ① 더 강한 탄성 퍼텐셜 에너지를 가질 수 있도록 더 강력한 고무줄을 사용한다.
② 여러 개의 돌이 동시에 날아가게 한다.
③ 투석기를 더 길게 하면 회전력 때문에 돌이 더 멀리 날아갈 것이다.

04 일률은 감소한다. 지구의 중력보다 달의 중력이 더 작기 때문에 같은 물레방아로 곡식을 빻을 때 떨어지는 물의 높이가 같다면 물이 가지는 퍼텐셜 에너지가 작아진다. 그러므로 물에 의해 작동하는 물레방아가 천천히 돌고 곡식을 천천히 빻게 되므로 일률이 감소한다.

해설 물레방아는 높은 곳에서 떨어지는 물의 퍼텐셜 에너지가 물레방아를 돌리는 운동 에너지로 전환되는 것을 이용한 기구이므로 물이 큰 퍼텐셜 에너지를 가질수록 떨어져 지면에 도달할 때 물의 운동 에너지가 커지고 물에 의한 물레방아가 더 큰 운동 에너지를 가지게 되어 더 빨리 돌 수 있다.

스스로 실력 높이기 132 ~ 135쪽

01. (1) ○ (2) X (3) X **02.** 2
03. 19.6 J (19.6 N · m) **04.** (1) ○ (2) ○ (3) X
05. 40 **06.** (1) 196 J (2) 196 J
07. (1) ㉡ (2) ㉡ **08.** (1) 운 (2) 퍼 (3) 퍼
09. (1) ○ (2) X (3) X **10.** ② **11.** ② **12.** ④
13. ⑤ **14.** ①, ④ **15.** ③ **16.** ④ **17.** ④
18. ③ **19.** ④ **20.** ③
21.~22. 〈해설 참조〉

01. 답 (1) ○ (2) X (3) X
해설 (1) 화분을 들고 계단을 올라가는 것은 중력에 대해 일을 하는 것이다.
(2) [바로 알기] 책상에 앉아 공부를 하는 것은 과학에서 말하는 일이 아니다.
(3) [바로 알기] 볼링공을 들고 가만히 서 있는 경우 이동 거리가 0이므로 한 일의 양도 0이다.

02. 답 2
해설 2 N × 1m = 2 J이며, 중력에 대한 일이다.

03. 답 19.6 J (19.6 N · m)
해설 질량 1 kg인 물체의 무게는 9.8 N이므로 20 kg의 물체의 무게는 20 × 9.8 = 196 N이다. 물체를 10cm(= 0.1m) 들어 올렸으므로 한 일의 양은 196 N × 0.1m = 19.6 J이다.

04. 답 (1) ○ (2) ○ (3) X
해설 (1) $W = F \times s$ 이다. 이때 힘(F)의 방향과 이동 방향(s)은 같다.
(2) 물체를 들어올리는 경우 중력에 대해 일을 하는 것이므로 일의 양은 물체의 무게 × 들어올린 높이로 구한다. 천천히 들어올리면 일률이 작아지나, 일의 양은 빨리 들어올리는 경우와 같다.
(3) [바로 알기] 물체의 이동 거리가 0이므로 한 일의 양은 0이다.

05. 답 40

해설 기중기의 일률은 한 일의 양을 시간으로 나눠서 구한다.
한 일의 양 = 50 × 4 = 200(J), 일률 = $\dfrac{200 J}{5초}$ = 40 W

06. 답 (1) 196 J (2) 196 J
해설 (1) 물체의 무게 = 2 × 9.8 = 19.6 N,
물체를 10m 들어 올렸을 때의 일 = 19.6N × 10m = 196 J
(2) 기준면에서 10m 끌어올릴 때의 일은 10m에서의 이물체의 퍼텐셜 에너지이 되므로 196 J이다.

07. 답 (1) ㉡ (2) ㉡
해설 (1) 질량이 같은 경우 속력이 빠를수록 운동 에너지가 크다.
(2) 속력이 같은 경우 질량이 클수록 운동 에너지가 크다.

08. 답 (1) 운 (2) 퍼 (3) 퍼
해설 (1) 볼링공은 운동 에너지를 가진다.
(2) 물레 방아는 물의 퍼텐셜 에너지를 이용한다.
(3) 널뛰기는 중력에 의한 퍼텐셜 에너지를 이용한다. 높이 떨어질수록 최고점에서 퍼텐셜 에너지가 커진다.

09. 답 (1) ○ (2) X (3) X
해설 (1) 마찰에 의해 소비되는 에너지가 없으므로 역학적 에너지는 보존된다. 역학적 에너지는 모든 곳에서 같다.
(2) [바로 알기] B점에서 퍼텐셜 에너지가 가장 작은데 이것은 운동 에너지로 전환되었기 때문이다.
(3) [바로 알기] 운동 에너지가 가장 작은 점은 가장 높아서 퍼텐셜 에너지가 가장 큰 A점이다.

10. 답 ②
해설 물체를 일정한 속력으로 밀었으므로 바닥이 작용하는 힘인 마찰력과 물체를 미는 힘의 크기는 같다(합력이 0). 그러므로 마찰력의 크기는 20 N이고 한 일의 양은 20 N × 3m = 60J 이다.

11. 답 ②
해설 ㄴ. 물체에 20N 의 힘을 가하여 5m 이동하였을 때 한 일의 양은 20N × 5m = 100J 이다.
ㄱ. [바로 알기] 일정한 속력이므로 물체에 작용하는 합력(알짜힘)은 0이며, 물체를 이동시키는 동안 미는 힘은 마찰력과 크기가 같고 방향이 반대이다.
ㄷ. [바로 알기] 물체와 수평면 사이에 작용하는 마찰력의 크기는 20 N이다.

12. 답 ④
해설 ㄱ. (가)는 수평면의 물체가 등속 운동하므로 물체에 작용한 알짜힘(합력)이 0이다. 따라서 마찰력이 존재하며, 마찰력과 가한 힘의 크기가 같고 방향이 반대이다. 따라서 마찰력에 대한 일을 하는 것이다. (나)는 중력에 대해 일을 하는 것이다.
ㄴ. 마찰력은 가한 힘의 크기와 같은 10 N이다.
ㄷ. (가)의 일은 수평 방향의 힘 × 이동 거리 = 10 N × 2m = 20 J이고, (나)의 일은 무게 × 이동 거리 = (5 ×9.8)N × 2m = 98 J이다.

13. 답 ⑤

해설 ㄱ. 같은 무게의 사람을 태우고 같은 높이까지 올라가면 두 엘리베이터의 일의 양은 같다. 그러므로 빨리 올라가는 엘리베이터의 일률이 크다.

ㄴ. 같은 층으로 올라온 시간이 같으므로 한 일의 양이 클수록 일률이 큰 것이다. 사람의 무게가 무거울수록 일의 양이 엘리베이터가 한 일의 양이 큰 것이다.

ㄷ. 엘리베이터의 일률을 비교하려면 일의 양과 시간을 동시에 계산하여 비교해야 한다.

14. 답 ①, ④
해설 ② kg은 질량, ③ N은 힘의 단위이며 ⑤ kg·m은 질량과 이동 거리의 곱이며, 이 단위에 대한 물리량은 존재하지 않는다.

15. 답 ③
해설 ㄱ. 지훈이가 한 일의 양은 힘×거리로 계산하며, 이때 힘은 몸무게만큼 가해야 하고, 거리는 계단의 높이이다.

ㄴ. 책가방을 메면 무게가 증가하므로 일의 양이 증가하고, 시간이 같으므로 지훈이의 일률은 커진다.

ㄷ. [바로 알기] 두 계단씩 올라간다고 해도 가한 힘, 시간과 높이가 같으면 일률은 같다.

16. 답 ④
해설 일률이 12W인 양수기가 6초 동안 한 일의 양은 12W×6초 = 72J이다. 물을 퍼올리는 높이는 몰라도 구할 수 있다.

17. 답 ④
해설 ㄹ. [바로 알기] 리프트가 일을 하는데 드는 힘은 윗방향이므로 리프트의 실제 이동 거리는 일률을 구하는 데 이용되지 않고, 오직 수직 이동 거리만 측정하면 된다.

18. 답 ③
해설 ③ 역도 선수가 역기를 들어 올릴 때는 중력에 대해 일을 해 주는 것이므로 중력에 의한 퍼텐셜 에너지가 증가한다. 나머지는 탄성력에 의한 퍼텐셜 에너지이다.

19. 답 ④
해설 ㄴ. 윈드 서핑은 바람의 운동 에너지를 이용한다.
ㄹ. 볼링은 볼링공의 운동 에너지를 이용한다.
[바로 알기] ㄱ. 수력 발전은 물의 퍼텐셜 에너지를 이용한 발전 방식이다.
ㄷ. 양궁은 활의 탄성력에 의한 위치 에너지를 이용한다.

20. 답 ③
해설 ③ [바로 알기] 중력을 받는 물체의 운동에서 역학적 에너지(퍼텐셜 에너지 + 운동 에너지)는 모든 위치에서 같다.(역학적 에너지 보존)
① 중력을 받는 물체의 운동에서 물체의 높이가 같으면 중력에 의한 퍼텐셜 에너지는 같다.
② A 점에서는 퍼텐셜 에너지가 최대인데, C 점에서는 퍼텐셜 에너지가 최소이다. 그 동안 퍼텐셜 에너지는 운동 에너지로 전환되므로 가장 많이 전환된 C 점(높이 최소)에서 운동 에너지가 최대이다.
④ C 위치보다 D 위치에서 물체의 퍼텐셜 에너지가 크다. 이것은 물체가 C→D로 운동하며 운동 에너지가 퍼텐셜 에너지로 전환되었기 때문이다.
⑤ A 위치보다 B 위치에서는 퍼텐셜 에너지가 작다. 이것은 물체가 A→B로 운동하며 퍼텐셜 에너지가 운동 에너지로 전환되었기 때문이다.

21. 답 더 높은 위치에서 물을 떨어뜨리거나 한꺼번에 더 많은 양의 물을 떨어뜨린다.
해설 더 높은 위치에 있을수록 더 큰 퍼텐셜 에너지를 가지므로 더 빨리 곡식을 빻기 위해서는 물이 떨어지는 높이를 높인다. 또는 더 많은 양의 물이 있으면 퍼텐셜 에너지도 큰 것이므로 더 많은 양의 물을 한꺼번에 떨어뜨리면 더 큰 에너지로 인해 물레방아가 빨리 돌아 더 빨리 곡식을 빻을 수 있다.

22. 답 무한이가 물체에 한 일과 중력이 수레에 한 일 모두 0이다.
해설 일정한 속력으로 수평면 상을 운동하는 물체에 작용하는 알짜 힘(합력) = 0이다. 마찰이 없는 수평면에서 물건이 실린 수레가 일정한 속력으로 운동하므로 상상이가 물체에 작용하는 힘은 0이며, 상상이는 물체에 일을 하지 않는다. 또한 중력이 수레에 한 일도 0이다. 그 이유는 수레가 중력 방향으로 움직인 거리가 0이기 때문(수레는 중력 방향과 수직 방향으로 운동하기 때문)이다.

9강. 일의 원리

개념확인   136 ~ 139쪽

1. 50   **2.** 50, 30   **3.** ㄱ, ㄹ   **4.** ㄷ, ㅁ, ㄹ, ㅂ

1. 답 50
해설 사람이 지레에 한 일 = 지레가 물체에 한 일
지레에 작용한 힘 × 힘점이 이동한 거리 = 물체의 무게 × 물체가 올라간 높이
$$30 \text{ N} \times \text{힘점이 내려온 거리} = 50 \text{ N} \times 0.3 \text{ m}$$
$$\therefore \text{힘점이 내려온 거리} = 0.5 \text{ m} = 50 \text{ cm}$$

2. 답 50, 30
해설 고정 도르래를 사용하면 줄을 당기는 힘의 크기 = 물체의 무게, 줄을 당긴 거리 = 물체가 올라간 높이이다.

3. 답 ㄱ, ㄹ.
해설 빗면의 기울기가 클수록 빗면이 더 가파르게 된다.
빗면을 사용하여 물체를 끌어올릴 때 빗면의 기울기가 클수록 필요한 힘은 커지고, 이때 이동 거리는 짧아져서, 빗면을 사용하지 않을 때와 물체에 한 일의 양은 같아진다.

4. 답 ㄷ, ㅁ, ㄹ, ㅂ
해설 도구를 사용하거나 사용하지 않을 때나 일의 양은 (같다). 이를 (일의 원리)라고한다. 그럼에도 도구를 사용하는 이유는 (힘)이 적게 들거나 (힘의 방향)을 바꿔 편리하게 일을 하기 위해서이다.

1. (1) O (2) X (3) X 　**2.** ③ 　**3.** ② 　**4.** ④

1. 답 (1) O (2) X (3) X

해설 (1) 지레가 물체에 힘을 주어 들어올리는 점을 작용점이라고 한다.
](2) [바로 알기] 물체를 들어올릴 때 받침점과 힘점 사이가 짧을수록 지레를 누르는 힘이 커진다.
(3) [바로 알기] 도구를 사용하여도 일의 양은 같다.

2. 답 ③

해설 움직 도르래를 사용하면,
줄을 당기는 힘의 크기 = 물체의 무게 $\times \frac{1}{2}$ = 50 N $\times \frac{1}{2}$ = 25 N
줄을 당긴 거리 = 물체가 올라간 높이 $\times$ 2 = 30 cm $\times$ 2 = 60 cm이다.

3. 답 ②

해설 물체를 끌어올릴 때 한 일
= 빗면에서 끌어올리는 힘 $\times$ 빗면에서 이동한 거리
= 물체의 무게 $\times$ 들어올린 높이
∴ 한 일은 30 N $\times$ 1 m = 30 J

4. 답 ④

해설 ④ 도구를 사용할 때 힘의 이득이 있으면 이동 거리가 길어지고 이동 거리의 이득이 있으면 힘이 커진다.
① 도구를 사용해도 일의 양은 같다.
② 고정 도르래를 사용하면 물체의 무게와 같은 힘이 든다.
③ 지레를 사용하면 힘의 이득은 있지만, 이동 거리가 길어진다.
⑤ 빗면의 기울기가 클수록(가파를수록) 힘은 많이 들고, 이동 거리는 짧아진다.

★ 길은 멀어지나 빗면의 원리를 이용하여 적은 힘으로 산을 오를 수 있기 때문이다.
★★ 도구를 사용하면 일의 양은 같지만 힘이 적게 들거나 힘의 방향을 바꿔주기도 하여 더 편안하게 도구를 사용할 수 있기 때문이다.

01. ③	**02.** ③	**03.** ①
04. ②	**05.** ⑤	**06.** ②

01. 답 ③

해설 지레에 작용한 힘 $\times$ 힘점이 이동한 거리
= 물체의 무게 $\times$ 물체가 올라간 높이
300 N $\times$ 3 m = 물체의 무게 $\times$ 2 m
∴ 물체의 무게 = 450 N

02. 답 ③

해설 ③ 고정 도르래에서 줄을 당긴 힘의 크기는 물체의 무게와 같다. 그러므로 200 N이다.
[바로 알기] ① 고정 도르래에서 줄을 당긴 거리는 물체가 올라간 높이와 같다. 그러므로 줄을 당긴 거리는 4 m이다.
② 도르래가 한 일의 양 = 물체의 무게 $\times$ 물체가 올라간 높이
= 200 N $\times$ 4 m = 800 J
④ 고정 도르래는 힘의 방향을 바꿔 준다.
⑤ 도구를 사용해도 일의 양은 도구를 사용하지 않을 때와 같다.

03. 답 ①

해설 움직 도르래를 사용할 경우 물체를 들어올릴 때 줄 2개를 사용하는 것과 같다. 줄 1개에 걸리는 힘은 무게의 절반이며, 사람이 당길 때에 줄 1개에 걸리는 힘으로 당기면 된다.

움직 도르래에서 줄을 당기는 힘 = 물체의 무게 $\times \frac{1}{2}$,
$$∴ 180 N \times \frac{1}{2} = 90 N$$

04. 답 ②

해설 빗면 방향으로 끌어올리는 힘 $\times$ 빗면에서 이동한 거리 = 한 일의 양
∴ 400 J = 2 m $\times$ 힘의 크기 　→　 힘의 크기 = 200 N

05. 답 ⑤

해설 ⑤ 도끼는 빗면의 원리를 이용한 도구이다. 도끼가 빗면으로 되어 있어 나무틈으로 더 쉽게 들어가 나무를 쪼개기 쉽다.

06. 답 ②

해설 ② 어떤 도구를 사용하더라도 도구를 사용하지 않을 때와 일의 양은 같다.
[바로 알기] ① 고정 도르래를 사용하면 도구를 사용하지 않을 때와 같은 힘이 든다.
③ 도구를 사용하면 일의 이득은 없다.
④, ⑤ 빗면이나 움직 도르래, 지레를 사용하면 물체의 이동 거리가 길어진다.

[유형 9-1] 50 J	**01.** ③	**02.** ③
[유형 9-2] ③	**03.** ②	**04.** ①
[유형 9-3] ④	**05.** ③	**06.** ③
[유형 9-4] ④	**07.** ③	**08.** ③

[유형 9-1] 답 50 J
해설 지레가 물체에 한 일의 양
= 지레에 작용한 힘 $\times$ 힘점이 이동한 거리
= 물체의 무게 $\times$ 물체가 올라간 높이
= 100 N $\times$ 0.5 m = 50 J

01. 답 ③
해설 한 일 = 지레에 작용한 힘 $\times$ 힘점이 이동한 거리
= 물체의 무게 $\times$ 물체가 올라간 높이
∴ 5 kg $\times$ 9.8 $\times$ 0.2 m = 힘의 크기 $\times$ 0.7 m,

힘의 크기 = 14 N

02. 답 ③

해설 ③ [바로 알기] 받침점과 힘점 사이의 거리가 멀수록 적은 힘이 든다. 그러므로 받침점을 캥거루 쪽으로 옮겨가야 균형을 맞출 수 있다.

지레에 작용한 힘 × 힘점이 이동한 거리
= 물체의 무게 × 물체가 올라간 높이 = 한 일

① 토끼는 이동 거리가 0이므로 한 일은 0이다.

② 시소는 지레를 이용한 놀이 기구이다.

④ 캥거루가 지레에 한 일 = 100N × 0.1m = 10 J

⑤ 받침점이 시소의 중심에 놓여 있기 때문에 양쪽의 무게가 같으면 균형이 맞는다.

[유형 9-2] 답 ③

해설 움직 도르래를 사용하면,

줄을 당기는 힘의 크기 = 물체의 무게 × $\frac{1}{2}$,

줄을 당긴 거리 = 물체가 올라간 높이 × 2

∴ 줄을 당기는 힘의 크기 = $20kg × 9.8 × \frac{1}{2}$ = 98 N

줄을 당긴 거리 = 5 m × 2 = 10 m

03. 답 ②

해설 ② 도르래가 한 일의 양
= 물체의 무게 × 물체가 올라간 높이 = 200N × 4m = 800J

[바로 알기] ① 움직 도르래를 사용하면 줄을 당긴 거리 = 물체가 올라간 높이 × 2 이다. 그러므로 줄을 당긴 거리는 8m이다.

③ 줄을 당긴 힘의 크기 = 물체의 무게 × $\frac{1}{2}$ = 100 N이다.

④ 도구를 사용하여도 일의 양은 변함이 없다.

⑤ 물체를 들어올리기 위해 도구를 사용하지 않을 때와 움직 도르래를 사용할 때는 힘의 방향이 같다. 고정 도르래를 사용해야 힘의 방향이 반대가 된다.

04. 답 ①

해설 고정 도르래를 사용하면 줄을 당기는 힘의 크기
= 물체의 무게, 줄을 당긴 거리 = 물체가 올라간 높이이다.

∴ 힘의 크기 = 100 N

일의 양 = 물체의 무게 × 물체가 올라간 거리
= 100N × 1m = 100 J

[유형 9-3] 답 ④

해설 빗면에서 끌어올리는 힘 × 빗면에서 이동한 거리
= 물체의 무게 × 들어올린 높이
200N × 2m = 물체의 무게 × 0.5m
∴ 물체의 무게 = 800 N

05. 답 ③

해설 빗면에서 끌어올리는 힘 × 빗면에서 이동한 거리
= 물체의 무게 × 들어올린 높이
300N × 물체가 이동한 거리 = 500N × 3m
∴ 빗면으로 물체가 이동한 거리 = 5 m

06. 답 ③

해설 ③ [바로 알기] B의 기울기가 C의 기울기보다 크기 때문에 B 방향으로 잡아당기는 힘의 크기가 C보다 더 크다.

① A~D의 각 경우 물체를 끌어올리기 위해 한 일은 모두 같다.(일의 원리)

② A는 연직 방향으로 이동하므로 이동거리가 가장 짧다.

④ D의 기울기가 가장 작기 때문에 가장 적은 힘이 필요하다.

⑤ A는 연직 방향으로 끌어올리는 것이므로 물체의 무게와 같은 크기의 힘으로 끌어올려야 한다.

[유형 9-4] 답 ④

해설 ④ 도구를 사용하여도 물체를 들어올릴 때 일의 양은 변함이 없다.(일의 원리)

[바로 알기] ① (ㄱ)에서 물체가 이동한 거리는 h보다 크다.

② (ㄴ) 지레에서 받침점과 힘점 사이가 가까워지면 물체를 들어올리기 위해 더 큰 힘이 든다.

③ (ㄷ) 고정 도르래에서 당기는 힘은 물체의 무게와 같다.

⑤ (ㄱ), (ㄴ)에서 물체를 들어올리기 위해 무게보다 더 작은 힘을 가하므로 힘의 이득이 있으며, 고정 도르래인 (ㄷ)에서는 무게와 같은 힘으로 잡아당기므로 힘의 이득이 없다.

07. 답 ③

해설 가. 지레, 빗면, 움직 도르래에서 도구를 사용하면 모두 힘이 적게 든다.

다. 일의 원리는 도구를 사용해도 일의 양은 같다는 것이다.

나. [바로 알기] 지레를 사용하면 물체의 이동 거리가 힘점의 이동거리보다 짧아지며, 빗면을 사용하면 물체의 이동 거리가 직접 끌어올릴 때보다 길어진다. 움직 도르래에서는 당기는 거리보다 물체의 이동거리가 짧아진다.

08. 답 ③

해설 도구를 사용할 때와 사용하지 않을 때의 힘의 크기가 같은 도구는 고정 도르래를 사용할 때이다.

창의력 & 토론마당　　　146 ~ 149쪽

01

(1) 50 N

(2) 잡아당기는 힘 : 200 N 이상
100N의 힘으로 꼭대기에 올라가기 위해서는 움직 도르래 2개(1개도 가능)를 고정 도르래 2개와 복합 도르래로 연결하여 설치하면 줄을 아래로 당기면서 수레를 위로 올릴 수 있다.

해설 (1) 움직 도르래를 1번 사용하면 무게 × $\frac{1}{2}$에 해당하는 힘으로 물체를 들어올릴 수 있고, 움직 도르래를 두 번 사용하면 무게 × $\frac{1}{2}$ × $\frac{1}{2}$만큼의 힘의 크기가 필요하다.

(나) 그림에서는 두 번의 움직 도르래가 사용되었으므로
$200 N × \frac{1}{2} × \frac{1}{2}$ = 50 N의 힘이 필요하다. 그림과 같이 200N의 물체를 끌어올리기 위해 4개의 줄이 50N의 같은 크기의 힘으로 잡아당겨야 하고, 따라서 아래로 잡아당기는 힘은 이중 하나의 힘의 크기와 같게 나타난다.

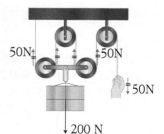

(2) 도르래와 줄의 무게는 무
시하고 사람의 무게만 고려하
여 그림과 같이 사각형과 사
각형 바깥을 구별하여 생각해
보자. 몸무게가 400 N인 사람
이 힘 F_3로 끈을 잡아당기고
있다. 이 경우 2개의 끈이 사
각형에 연결된 상황이 된다.
F_3는 사람이 끈을 잡아당기
는 힘이므로, 끈이 사람을 잡
아당기는 같은 크기의 힘 F_2

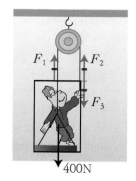
F_1 $\qquad$ F_2

F_3

400N

(끈이 사람을 잡아당기는힘)가 발생하며(작용 반작용), 같은
크기의 힘 F_1(다른쪽 끈이 사람을 잡아당기는 힘)이 발생하
게 된다. 힘의 크기 $F_1 = F_2 = F_3$ 이다.
이 사람이 등속 운동한다면 이 사람(사각형)에게 작용하는
합력(알짜힘) = 0이므로,힘의 크기만을 고려할 때
$F_1 + F_2 = 400N$이다.(F_3는 끈이 받는 힘이다.)
무게를 제외한 각 힘의 크기를 모두 F로 놓는다면
$F + F = 400N$이고, $F = 200$ N이다.
이 사람은 스스로의 몸무게의 절반인 200N 이상의 힘으로
끈을 잡아당기면 위로 올라갈 수 있다.
100N의 힘으로 당겨 스스로 올라가려면 그림과 같이 도르래를 사용하면 된다. 움직 도르래는 한 개만 사용해도 된다. 위로 향하는 같은 크기의 힘이 4개가 되어 무게를 지탱할 수 있으므로 당기는 힘(연두색 힘)을 100N 이상으로 할 때 올라갈 수 있다.

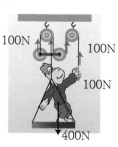
100N
100N
100N
400N

02 (1)

받침점 　힘점 작용점

(2) 신체가 움직이는 여러 과정에서 지레의 원리를
찾아볼 수 있다. 뼈는 지레, 관절은 받침점, 근육
은 힘점 역할을 한다. 목 근육에 힘을 주어 머리를
들어올리면 목 뒤 근육(힘점)이 수축하면서 머리
를 들어올릴 수 있다. 걸을 때는 발의 앞 부분(받
침점)을 딛게 되면, 다리 근육이 수축하여 힘을 주
면서(힘점) 발뒤꿈치를 들어 올리게 되어 걸을 수
있다. 음식을 씹을 때에도 뼈가 지레 역할을 하고,
턱관절이 받침점 역할을 하여 근육의 수축이 힘을
가하는 일을 하여 음식을 씹을 수 있다.

해설 팔로 물건을 들고 있을 때는 팔 뒤꿈치 부분이 받침점
이 되고 팔의 근육이 힘점이 되어 팔을 들어 올릴 수 있다.

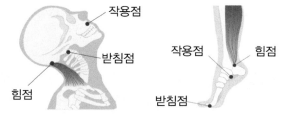
작용점
받침점
힘점
작용점　힘점
받침점

03

〈예시 답안〉아르키메데스의 물달팽이에는 빗면의
원리가 적용되었다. 물달팽이에 물을 채우고 홈이
파인 너트(나사)를 돌리면 물이 위로 올라간다. 나사
와 같은 원리인 '물달팽이'는 이동 거리는 길어지
지만 적은 힘으로 너트(나사)를 돌려 물을 쉽게 높은
곳까지 끌어올릴수 있었다.

해설 '유레카'를 외친 일화로 잘 알려진 그리스의 학자 아르
키메데스의 물달팽이는 나사의 원리가 들어간 최초의 도구이
다. 당시 배에 찬 물을 퍼내기 위한 방안으로 그가 발명한 대
형 나사 모양(너트)의 '물달팽이'가 사용되었는데, 이것은 홈
이 파인 너트가 돌아가면서 프로펠러 같이 물을 퍼내 펌프와
같은 역할을 한 일종의 양수기였다. 나사와 같은 빗면을 사용
하면 일의 양은 변함이 없으나 이동 거리가 긴 대신 적은 힘
을 사용하여 물체를 올릴 수 있다.

04

〈예시 답안〉그림 속 골드 버그 장치에는 도르래, 빗
면(나사), 지레가 사용되었다. 도르래를 이용하여 물
체를 회전시키거나 위, 아래로 이동시키고 있으며,
빗면, 지레를 이용하여 움직이는 거리를 길게 함으
로써 시간이 오래 걸리도록 하였다.

해설 골드버그 장치는 단순한 일을 하기 위해 빗면, 지
레, 도르래, 구슬 등을 이용하여 여러 단계의 복잡한 과
정을 거치도록 만드는 것이다. 최대한 복잡한 단계를
거치도록 하기 위해서는 반드시 힘과 운동, 무게 중심
등의 과학적 원리가 들어가야 한다. 현재 NASA에서는
우주 비행사들의 창의성 개발을 위해 이를 활용하고 있
다. sciencecenter.go.kr, www.rubegoldberg.com 사
이트에서 골드버그 장치 관련 정보를 알 수 있다.

01. (1) ○ (2) X (3) ○   **02.** (1) X (2) ○ (3) ○

03. (1) ○ (2) X (3) X   **04.** 일 , 일의 원리

05. (1) 작용점 (2) 받침점 (3) 힘점

06. 같다, 절반, 2배

07. (1) ㄱ > ㄴ > ㄷ > ㄹ   (2) ㄹ > ㄷ > ㄴ > ㄱ

08. ㄱ, ㄴ, ㄹ   **09.** ㄷ, ㅁ, ㅅ, ㅇ   **10.** ㅂ, ㅈ

11. ③   **12.** ④   **13.** ③   **14.** ⑤

15. ②   **16.** ②   **17.** ⑤   **18.** ①

19. ①, ⑤   **20.** ④   **21.~ 22.** (해설 참조)

01. 답 (1) ○ (2) X (3) ○
해설 (1) 지레 위의 물체에 지레가 직접 힘을 주는 점을 작용점이라고 하고 지레 위의 물체가 올라가도록 누르는 점을 힘점이라고 한다.
(2) [바로 알기] 지레를 사용하면 힘의 이득이 있고 이동 거리는 더 길어진다.
(3) 지레를 누르는 곳(힘점)과 받침점 사이의 거리가 멀면 작은 힘으로 눌러도 작용점의 물체에 가하는 힘의 크기가 커져서 물체가 쉽게 올라간다. 받침점과 힘점 사이의 거리가 짧으면 같은 물체를 올리기 위해 힘점에 가해주는 힘의 크기가 커진다.

02. 답 (1) X (2) ○ (3) ○
해설 (1) [바로 알기] 도르래를 사용해도 일의 양은 같다.
(2) 고정 도르래는 물체를 들어올리기 위해 가하는 힘의 방향만 바뀌고, 힘의 이득은 없다.
(3) 움직 도르래 1개를 사용하여 물체를 들어올릴 때 잡아당기는 힘은 물체 무게의 절반 크기이다.

03. 답 (1) ○ (2) X (3) X
해설 (1) 물체를 끌어올릴 때 빗면을 사용하면 사용하지 않을 때보다 힘의 이득이 있고 이동 거리는 더 길다.
(2) [바로 알기] 빗면의 기울기가 작을수록(완만할수록) 힘이 적게 든다.
(3) [바로 알기] 빗면의 기울기가 작을수록(완만할수록) 이동 거리가 길어진다.

04. 답 일, 일의 원리
해설 지레, 도르래, 빗면 등의 도구를 사용하여 일을 하면 힘이나 거리의 이득이 생기기는 하지만 한 일의 양은 변하지 않는다. 이것을 일의 원리라고 한다.

05. 답 (1) 작용점 (2) 받침점 (3) 힘점
해설 (1) 지레가 직접 물체에 힘을 가하는 곳을 작용점이라고 한다.
(2) 지레를 받치고 있는 점을 받침점이라고 한다.

(3) 물체를 끌어올리기 위해 지레에 힘을 가하는 점을 힘점이라고 한다.

06. 답 같다, 절반, 2배
해설 (1) 고정 도르래를 사용하면 힘과 거리의 이득은 없으나 잡아당기는 힘의 방향을 바꿀 수 있다.
(2) 움직 도르래 1개를 사용하여 물체를 끌어올리면 필요한 힘은 물체 무게의 절반이지만, 줄을 당긴 거리는 물체가 올라간 거리의 2배가 되어 전체적으로 일의 양에는 이득이 없다.

07. 답 (1) ㄱ > ㄴ > ㄷ > ㄹ   (2) ㄹ > ㄷ > ㄴ > ㄱ
해설 빗면에서 기울기가 클수록(빗면이 가파를수록) 힘의 크기는 커지고, 이동 거리는 작아진다.

08. 답 ㄱ. 집게, ㄴ. 젓가락, ㄹ. 가위
해설 ㄱ, ㄹ. 집게와 가위는 힘점-받침점-작용점이 순서대로 있는 제 1종 지레이다.
ㄴ. 젓가락은 작용점-힘점-받침점이 순서대로 있는 제 3종 지레이다.

09. 답 ㄷ. 리프트, ㅁ. 거중기, ㅅ. 국기 계양대, ㅇ. 엘리베이터
해설 ㄷ. 스키 리프트는 도르래를 스키가 매달린 줄 양쪽에 달아 스키의 이동 속력을 조절한다.
ㅁ. 거중기는 움직 도르래와 고정 도르래를 조합하여 무거운 물체를 들어올린다.
ㅅ. 국기 계양대에도 도르래가 있어 쉽게 국기가 꼭대기까지 이동할 수 있게 한다.
ㅇ. 엘리베이터에서도 움직 도르래와 고정 도르래를 조합하여 사람이 탄 무거운 엘리베이터를 상하 운동할 수 있게 한다.

10. 답 ㅂ. 나사못, ㅈ. 경사로
해설 ㅂ. 나사못의 경사 방향으로 돌리면 못을 직접 박을 때보다 적은 힘으로 못을 박을 수 있다.
ㅈ. 장애인과 노약자를 위한 경사로는 계단보다 길게 되어 있어 적은 힘으로 경사를 오를 수 있게 한다.

11. 답 ③
해설 ③ 지레가 물체에 한 일은 200N × 0.3m = 60 J 이므로, 사람이 지레에 한 일도 60 J 이다. 따라서 지레를 60cm 눌렀다면 이때 드는 힘은 100 N 이다.
[바로 알기] ① 지레가 물체에 한 일과 누르는 힘이 지레에 한 일은 모두 60 J 이다.
② 지레를 사용하면 힘의 이득이 있고 일의 양은 같다.
④ 같은 물체를 지레 없이 들어 올린다면 무게만큼인 200N 의 힘이 필요하다.
⑤ 받침점을 물체 방향으로 조금 더 옮기면 받침점과 힘점 사이의 거리가 멀어지므로 힘이 덜 든다.

12. 답 ④
해설 ④ 집게는 제 1종 지레로 ㄱ. 힘점 ㄴ. 받침점 ㄷ. 작용점이 순서대로 구성되어 있다. 가위는 집게와 같이 제 1

종 지레이다.

[바로 알기] ① ㄱ은 힘을 가하는 힘점이다.

② ㄴ은 받침점이다.

③ ㄷ은 물체를 집는 작용점이다.

⑤ ㄴ. 받침점과 ㄱ. 힘점 사이의 거리가 길수록 적은 힘이 든다.

13. 답 ③

해설 사람이 지레에 한 일 = 지레가 물체에 한 일

210N × 0.7m = 바위의 무게 × 0.5m

147 J = 바위의 무게 × 0.5m, 바위의 무게 = 294N

∴ 바위의 질량 = 294 / 9.8 = 30kg

14. 답 ⑤

해설 (다)는 물체를 직접 끌어올리기 때문에 힘의 크기는 물체의 무게와 같은 100 N이고, 끌어올리기 위해 한 일의 양은 100×2 = 200 J이다. 일의 양은 모두 같으므로 (가), (나)의 경우 모두 한 일의 양은 200 J이다.

⑤ 도구를 사용하여도 도구를 사용하지 않을 때와 한 일의 양은 모두 같다.

[바로 알기] ① (가)의 경우 빗면의 기울기가 가장 작으므로 힘의 크기가 가장 작다. 빗면의 길이가 5m이므로 5 × 힘의 크기 = 200, 힘의 크기는 40 N이다.

② (나)의 경우 빗면의 길이가 2.5m이므로, 2.5× 힘의 크기 = 200, 힘의 크기는 80 N이다.

③ (나)의 경우 한 일의 양 : 80N × 2.5m = 200 J

④ (다)에서 힘의 크기는 물체의 무게와 같은 100N이다.

15. 답 ②

해설 ② B 물체를 빗면으로 끌어올리는 데 한 일은 무게와 같은 300 N의 힘으로 연직으로 5 m 끌어올리는일과 같다. 한 일은 300N × 5m = 1,500 J이다.

A 물체를 빗면으로 끌어올리는 힘 × 6 = 1500

∴ A 물체를 빗면으로 끌어올리는 = 250 (N)

B 물체를 빗면으로 끌어올리는 힘 × 10 = 1500

∴ B 물체를 빗면으로 끌어올리는 힘 = 150 N

[바로 알기] ① A 물체를 끌어올리는 데 한 일도 B 물체를 끌어올리는 데 한 일과 같다.한 일 = 300N × 5m = 1,500 J

③ 빗면을 사용하지 않고 물체를 끌어올리면 더 큰 힘이 든다.

④ B를 끌어올리는 경사면의 기울기가 더 작기 때문에 경사면의 길이가 더 길므로 더 적은 힘이 필요하다.

⑤ 빗면의 경사각이 클수록 빗면의 기울기가 가파르고 힘이 많이 든다. 빗면의 경사각과 상관없이 일의 양은 같다.

16. 답 ②

해설 5m × 50 N = 경사면의 길이 × 25 N

∴ 경사면의 길이 = 10 m

17. 답 ⑤

해설 ⑤ [바로 알기] 도르래를 이용하여 물체에 한 일 = 2m × 70N = 140 J이다.

① 고정 도르래를 사용하면 물체가 올라간 높이와 손이 내려간 길이가 같다.

② 고정 도르래를 사용하면 물체의 무게와 같은 크기의 힘

이 든다.

③ 사람이 한 일 = 도르래가 한 일 = 140 J

④ 그림의 도르래는 고정 도르래이다.

18. 답 ①

해설 ① (가)에서 사람이 한 일 = 2m × 50N = 100 J이다.

[바로 알기] ② 움직 도르래에서는 물체가 올라간 높이의 두 배만큼 줄을 당겨야 한다. (나)에서 줄을 당긴 거리는 4m이다.

③ 고정 도르래는 물체의 무게만큼의 힘이 필요하다. (가)에서 사람이 잡아당긴 힘의 크기는 50 N이다.

④ 움직 도르래는 물체 무게의 절반만큼의 힘이 필요하다. (나)에서 사람이 잡아당긴 힘의 크기는 25 N이다.

⑤ 두 도르래가 같은 무게의 물체를 같은 높이에 들어 올렸기 때문에 한 일은 같다.

19. 답 ①, ⑤

해설 ① 물체의 무게와 사람이 한 일의 양이 같으므로 물체가 올라간 높이가 같다.

⑤ 사람이 한 일의 양과 도르래가 물체에 한 일의 양은 같다.

[바로 알기] ② 움직 도르래는 물체와 함께 움직이지만 고정 도르래는 고정되어 있다.

③ 고정 도르래의 경우 사람이 줄을 당긴 힘의 크기는 물체의 무게와 같지만 움직 도르래의 경우 무게의 $\frac{1}{2}$ 만큼의 힘이 필요하다.

④ 고정 도르래의 경우 사람이 줄을 당긴 거리와 물체가 올라간 거리가 같지만 움직 도르래의 경우 물체가 올라간 거리의 2배 만큼의 이동 거리가 필요하다.

20. 답 ④

해설 ④ 지레를 사용할 때 받침점과 힘점 사이의 거리가 길수록 반대쪽 물체를 들어올리기 위해 필요한 힘이 적게 든다.

[바로 알기] ① 도구를 사용하면 힘의 이득이 있으며, 한 일은 모두 같으므로 일의 이득은 없다.

② 빗면의 기울기가 클수록(빗면이 가파를수록) 더 큰 힘이 필요하다.

③ 움직 도르래를 사용하면 사용하지 않을 때와 일의 양은 같으며, 물체 무게의 $\frac{1}{2}$ 만큼의 힘이 들고, 물체가 올라간 높이의 2배만큼 줄을 당겨야 한다.

⑤ 고정 도르래를 사용할 때 일의 양은 같고, 힘의 방향만 바꿀 수 있다.

21. 답 근육이 조금만 움직여도 팔과 손으로 물체를 빠르게 올리거나 이동시키는 장점이 있다.

해설

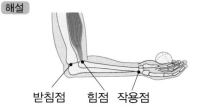

받침점   힘점 작용점

그림과 같이 팔로 물건을 들고 있을 때는 팔 뒤꿈치 부분이

받침점이 되고 팔의 근육이 힘점이 되어 팔을 들어 올려 손과 물체를 들어올릴 수 있다. 즉, 팔의 지레 구조는 힘점이 받침점과 작용점 사이에 있는 지레로 3종 지레이다. 팔의 지레 구조는 받침점과 힘점 사이의 거리가 받침점과 작용점 사이의 거리보다 짧아 물체를 들어올릴 때 물체의 무게보다 더 큰 힘을 사용해야 하므로 힘의 이득은 없다. 하지만 조금만 움직여도 작용점(손)을 더 많이 움직일 수 있는 장점이 있다.

22. 답 〈예시 답안〉 나사의 경사를 더 완만히 하고, 더 촘촘히 휘감도록 하면 이동 거리는 길어져도(돌리는 회전수는 많아져도) 적은 힘으로 물을 더 잘 올라가게 할 수 있을 것이다.

해설 아르키메데스의 물달팽이는 나사의 원리가 들어간 최초의 도구이다. 물달팽이는 통속에 물을 채우고 너트를 돌려 물을 위로 올라가게 한다.

나사는 빗면의 원리를 이용한 것이다. 빗면 방향으로 끌어당기면 직접 들어올릴 때보다 움직인 거리는 길어지지만 힘이 적게 든다. 그래서 나사를 이용하면 나사선을 따라 길게 움직여야 하지만 작은 힘으로 회전시켜 못을 박을 수 있는 것이다.

10강. Project 3

신·재생 에너지

Q1 신에너지로는 수소에너지, 연료 전지 등이 있고, 재생 에너지는 태양, 물, 지열, 바람 등을 이용하는 에너지이며 무한히 공급 가능한 에너지로 핵융합 에너지, 바이오 에너지도 신·재생 에너지이다. 현재 사용하는 석유, 석탄, 천연 가스 등의 화석 에너지는 고갈될 위험이 있고, 이산화 탄소를 배출하여 지구 온난화 등을 유발시키지만 신·재생 에너지는 고갈될 우려가 없고, 이산화 탄소를 배출하지 않으므로 개발이 필요하다.

Q2 바이오 에너지는 저장과 재생이 가능하고, 지구 어디에서나 쉽게 얻을 수 있는 장점이 있다. 우리나라에서 자원으로 활용이 가능한 식물은 옥수수나 아카시아 등의 육상 식물과 수생식물이 있으며, 각종 폐기물도 바이오 에너지의 자원으로 활용할 수 있다.

[탐구 1] 지레를 사용할 때의 일의 양

[결과]

ⓐ 저울 중심에서 용수철저울까지 거리(m)	0.1	0.2	0.3	0.4	0.5
ⓑ 용수철 저울의 눈금(N)	2	1	0.66	0.5	0.4
ⓒ 용수철 저울을 잡아당긴 거리(m)	0.02	0.04	0.06	0.08	0.1
ⓓ 사람이 한 일의 양(J)	0.04	0.04	0.04	0.04	0.04
ⓔ 추의 무게가 한 일의 양	추의 무게 : 2 N / 용수철 저울이 당기는 힘	추가 올라간 높이 : 0.02 m / 추의 무게가 한 일의 양 : 0.04 J			

[결과 해석]
ⓐ×ⓑ : 추는 저울의 왼쪽에 고정되어 있으므로 추의 무게와 저울의 오른쪽에서 용수철 저울이 당기는 힘 사이의 돌림힘(힘× 추의 중심으로부터의 거리)의 평형이 적용되어 ⓐ×ⓑ의 값은 항상 일정하게 유지된다.
ⓑ×ⓒ : 용수철 저울이 나타내는 힘과 잡아당긴 거리의 곱이므로 용수철 저울이 한 일의 양(=ⓓ 사람이 한 일의 양)이다. 이것은 물체가 위로 올라가며 추의 무게가 한 일과 같다.

[결론]
사람이 저울의 오른쪽에서 한 일의 양과 저울의 왼쪽에서 추의 무게가 한 일의 양은 서로 같다. 용수철 저울의 위치를 옮겨도 결과는 같다. 도구를 사용해도 일의 양은 같게 나타나므로 일의 원리가 성립한다고 할 수 있다.

[결과]

	ⓐ 수레를 수직으로 들어올릴 때	ⓑ 기울기가 큰 빗면 위에서 끌어올릴 때	ⓒ 기울기가 작은 빗면 위에서 끌어올릴 때
ⓓ 용수철 저울의 눈금(N)	5	3	2
ⓔ 수레가 이동한 길이(m)	0.2	0.33	0.5
ⓕ 사람이 한 일의 양(J)	1	1	1

[결과 해석]

(ⅰ) ⓓ는 물체(수레)를 끌어올리는 과정에서 물체에 가한 힘의 크기이며, ⓔ는 힘을 받는 수레가 이동한 거리이다. 각 경우 수레는 같은 높이까지 이동했기 때문에 일의 양은 같으므로 ⓓ×ⓔ의 값은 항상 일정하게 유지된다.

(ⅱ) ⓐ, ⓑ, ⓒ 모두 수레를 수직으로 0.2m 들어올리는 것이며, ⓐ → ⓑ → ⓒ로 가며 기울기가 점차 감소하므로 수레에 가한 힘은 점차 감소하고, 이동거리는 점차 증가한다.

[결론]

빗면의 기울기에 관계없이 물체를 일정한 높이까지 들어올리는데 필요한 일은 모두 같다. 이것은 도구를 사용해도 일의 양은 변함이 없다는 '일의 원리'가 적용된 것이다.

탐구 문제

1. 용수철 저울을 빨리 당기면 용수철 저울의 눈금이 일정하지 않아 눈금을 측정하기 어렵고, 지레를 평형으로 유지할 수 없다.

2. 사람이 한 일의 양과 추의 무게가 한 일의 양은 같다. 이때 추의 무게가 한일의 양은 저울이 왼쪽 추를 위로 미는 힘이 한 일의 양과 같다.

3. 같다. 일은 힘 × 거리이므로 힘 × 거리의 값이 같으면 물체에 해주는 일의 양은 같다.

4. 빗면에서 마찰력이 크게 작용하면 물체에 한 일을 계산할 때 오차가 크게 나지만, 수레를 사용하면 바퀴에 의해 빗면에서의 마찰력을 최소화할 수 있기 때문이다.

5. 크레인으로 직접 물체를 끌어올리면 작업 시간이 훨씬 단축되는 효과가 있다. 같은 원리로 빗면을 가파르게 하면 작업 시간을 단축시킬 수가 있다.

6. 옳은 것 : ①, ③

이유 : ① 역학적 에너지는 운동 에너지+위치 에너지이고 A, C 두 지점에서 역학적 에너지가 서로 같으므로 위치 에너지가 작은 A점에서의 운동 에너지가 C점에서의 운동 에너지보다 더 크다.

③ 역학적 에너지는 일정하므로 레일에 마찰이 없고

엔진 등 추진체가 없다면 한 바퀴 돌아 같은 위치에 왔을 때 돌기 전과 운동 에너지가 같아지며 속력도 같다.

MEMO

특목고, 영재교육원 대비서 **아이앤아이**

창의력과학의 결정판, 단계별 과학 영재 대비서 **세페이드**

세페이드 시리즈

창의력과학의 결정판, 단계별 과학 영재 대비서

1F	중등 기초	물리(상,하) 화학(상,하)	중학교 과학을 처음 접하는 사람 / 과학을 차근차근 배우고 싶은 사람 / 창의력을 키우고 싶은 사람
2F	중등 완성	물리(상,하) 화학(상,하) 생명과학(상,하) 지구과학(상,하)	중학교 과학을 완성하고 싶은 사람 / 중등 수준 창의력을 숙달하고 싶은 사람
3F	고등 I	물리(상,하) 물리 영재편(상, 하) 화학(상,하) 생명과학(상,하) 지구과학(상,하)	고등학교 과학 I을 완성하고 싶은 사람 / 고등 수준 창의력을 키우고 싶은 사람
4F	고등 II	물리(상,하) 화학(상,하) 생명과학(영재학교편,심화편) 지구과학 (영재학교편,심화편)	고등학교 과학 II을 완성하고 싶은 사람 / 고등 수준 창의력을 숙달하고 싶은 사람
5F	영재과학고 대비 파이널	물리 · 화학 생명 · 지구과학	고급 문제, 심화 문제, 융합 문제를 통한 각 시험과 대회를 대비하고자 하는 사람

세페이드 모의고사	세페이드 고등 통합과학		세페이드 고등학교 물리학 I (상,하)
내신 + 심화 + 기출, 시험대비 최종점검 / 창의적 문제 해결력 강화	고1 내신 기본서		고등학교 물리 I (2권) 내신 + 심화

* 무한상상의 〈세페이드 과학 시리즈〉는 국내 최초로 중고등과정의 과학의 전부와 과학 창의력 문제의 전부를
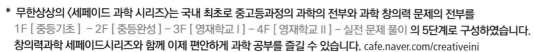
1F [중등기초] – 2F [중등완성] – 3F [영재학교 I] – 4F [영재학교 II] – 실전 문제 풀이 의 5단계로 구성하였습니다.
창의력과학 세페이드시리즈와 함께 이제 편안하게 과학 공부를 즐길 수 있습니다. cafe.naver.com/creativeini

창의력과학

세페이드

시리즈

창의력과학